衣柜里的减法整理术

クローゼットの引き算

[日]金子由纪子 著
Kaneko Yukiko

王羽萌 张惠佳 等译

电子工业出版社·
Publishing House of Electronics Industry
北京·BEIJING

焕然一新——衣柜中的减法
整理前→整理后

"衣柜中乱七八糟的。""到处挂满了洋装。"
我们来到了拥有上述烦恼的家庭,为衣柜做了一次减法!

爸爸和妈妈的衣柜

妈妈的衣服

爸爸的衣服

File① : M一家

妈妈:家庭主妇。孩子长大了也不需要过多照顾,目前正在计划找工作。

爸爸:公司职员。平时会帮忙做一些家务,爱好运动。

女儿:充满活力的初中生,加入了学校的足球队。

衣物间总是乱七八糟的

洗好的衣服没被收进抽屉里面,只是被随意地放在收纳箱上。在这种情况下,无法知道在哪些地方放着哪些衣服。

衣服数量不是很多,但是没有掌握收纳窍门。

整理前

整理妈妈的衣服

1. 将所有衣服按照 ○ △ × 的记号分类。

首先,将所有衣服从衣柜中取出,把经常穿的衣服分到○一类。其次,把一些虽然不如分到○里面的衣服穿的机会多,但是处理掉又有些可惜的衣服分到△一类中。最后,将基本不穿可以直接处理掉的衣服分到 × 类里面。如果在分类的时候犹豫将衣服放到哪一类中,可以先暂时放到△一类中。

2. 将被分到△中的衣服再次进行○或者 × 的划分。

可以把一些平时不常穿,但可以进行搭配的衣服分到○一类中,而那些基本上不想穿的衣服,可以将它们分到 × 一类。

3. 这样,就把所有的衣服都分成了必需的○和不需要的 × 两个类别。

把属于○的衣服放回衣柜,把属于 × 的衣服列为清理对象。

整理爸爸的衣服

把爸爸的衣服按照刚才的分类方法分成 ○ △ × 三类。

爸爸也希望衣柜可以变得更加整洁，积极参与衣柜的整理，和妈妈尝试了同样的整理活动。

把不穿的衣服清理出去，心情都变得清爽起来！

> 随着孩子上了初中，爸爸和妈妈的生活方式也随之改变，有许多衣服渐渐地就不穿了。把这些不需要的衣服清理掉，可以腾出一些空间，把一些适合今后生活的衣服放进来。

整理后

整理女儿的衣服

有很多衣服没被收进衣柜,就直接堆放在了地板上。

洗完的衣服有时懒得挂在衣架上,懒得收进抽屉,就会随手放在衣柜或地上。

> 像运动服这类衣服会经常洗,每次放回衣柜很麻烦,于是就会随手丢在地上。这里就需要一些收纳的窍门了。

整理前

把衣服按照 ○ △ × 分类之后,再把△类的衣服分成 ○ × 两类。

×

○

把书立放进抽屉进行分隔

把衣服叠好再竖着排列很难摆放,但如果使用书立来隔断抽屉内的空间,不需要竖着摆放也可以收拾得很利落。

整理后

腾出了衣柜的一半空间

之前,女儿都是从隔壁房间把被子抱过来。现在衣柜腾出了一半空间,可以把被子放在这里。

\ 一家三口不需要的衣服装了六个垃圾袋! /

File ②：S 女士家

S 女士：一个人住。喜爱购物，平时喜欢尝试各种衣服搭配方式。

S 女士的衣柜

整理前

衣服多到放不进衣柜，收纳橱也塞满了衣服！

衣柜和收纳橱里面塞满了各式各样的衣服，所以 S 女士在出门上班之前经常会为穿什么衣服而苦恼。

对于固定的收纳空间来说，衣服过多导致各处都装不下。如果硬要把所有衣服都塞进去，衣服就会变形。

1. 首先，把衣柜和收纳橱里所有的衣服都拿出来。

S女士在取出衣服时，经常会感叹："原来这件衣服放在这里了啊。"可见她并没有完全了解每件衣服放置在何处。

2. 把去除的衣服分成○△× 三类后，再把分到△一类的衣服分为○ × 两类。

这样分类一看，有很多衣服穿了10多年而且今后还要继续穿。S女士衣服之所以这么多，是因为她很爱护、珍惜每一件衣服。

3. 一边学习收纳窍门，一边把所需的衣服放回衣柜里。

因为相对较薄的衣服挂在细衣架上不会占太多空间，可以收纳很多件。

用衣架挂裤子时最好用晾衣夹夹住腰的地方挂起来。

哪件衣服放在哪里一目了然！

整理后

按照种类不同把衣服挂起来或者放进抽屉后，就可以轻松地看到每件衣服的位置，也节省了在忙碌的早上寻找衣服的时间。

收纳橱的抽屉中衣服与衣服之间也整理出了空间！

今后不需要的衣服装满两个垃圾袋！

前言
衣柜里的减法整理术

似乎很多人都会为如何收纳、整理过多的衣服而头痛，但令人意外的是，就算有很多衣服，人们还是会不停地感叹"没有能穿的衣服"。那么，放在衣柜里的究竟是什么呢？

"这件衣服很贵，现在不能穿。""这件衣服是好的……""等我瘦了还会再穿的。"不知为何，衣柜里面总是有一大堆我们平时不穿的衣服！在这些衣服里，还有很多我们好不容易买了但是基本没穿过的衣服，久而久之这些就不知不觉地变成了"衣柜的养料"。那么，究竟为什么会发生这种情况呢？

就连我自己在年轻的时候也曾经遇到过同样的问题。

首先是冲动消费，买了衣服，在家里一试，惊讶地发现完全不适合自己。

其次是商场大减价，头脑一热买了衣服，回家一试发现尺码不太合适，但又因没法退货而觉得很困扰。

那时，面对这些日积月累形成的"衣服山"，我也曾经想过无数种方式，不停地尝试如何更好地整理衣柜。虽然从表面上看，觉得自己有很多衣服，但是实际穿的衣服却每次都是固定的那几件。既然这样，若把经常穿的衣服留下，剩下的处理掉，房间是不是也会随之变得更加宽敞呢？

对于衣服，如果我们不穿，那和没有是一样的。当我意识到努力收纳一些从来不穿的衣服是一件愚蠢的事情时，我就开始做衣柜的"减法"了。于是，我在减少衣服数量的同时在买衣服上也渐渐地做起了"减法"。我会回顾过去在整理上的一些失败的教训，在购买衣服的时候制订一些计划，在买到手时也仔细注意有无问题。

结果，衣服的数量果然减少，而且我再也不会像以前一样苦恼"没有能穿的衣服"了。

现在，无论是和朋友们聚餐，还是做演讲、出席冠婚葬祭等礼仪活动，我都可以穿着现在已有的衣服从容应对。

我现在四个季节一共有 55 件衣服、7 双鞋、5 个包。

这些都放在一个宽 70cm、高 170cm 的衣柜里面。放在衣柜抽屉中的仅仅是叠好且码齐了的衣服，因为数量很少，所以我也很容易从中找到想要的衣服。如果衣服数量减少了，收拾整理所需的工夫和地方也会随之减少。

衣服使我们能够更好地享受生活，十分重要。可是如果被收拾衣服弄得团团转，既浪费空间又浪费精力就本末倒置了。并不是说衣服少就一定是好事，但是没有比买很多其实并不需要的衣服并为如何整理而苦恼更加无意义的事情。

在这本书里，我会以我的失败教训及从那些从事服装工作的人们那里学习到的知识为基础，总结一些如何不被衣服左右、与衣服愉快相处的窍门。

并不是"很多"就一定可以和"丰富"画等号。为了能够最大限度地活用我们手边的衣服，更近一步享受穿衣服这件事情并享受生活，不如也尝试着对衣柜做一个"减法"。

目 录
contents

第一章　衣柜里为什么会堆满"不能穿的衣服"………… 015

明明衣柜被塞得很满，为什么我还是没有能穿的衣服…… 016
衣服是连接"每个人"和"社会"的物品…………………… 019
衣服把我们和各种场合联系起来………………………… 021
为什么衣柜里全都是"不能穿的衣服"………………… 022
明明一开始很喜欢，为什么后来这些衣服就变成了
"不能穿的衣服"了呢……………………………………… 024
如果买衣服不花费时间会发生什么……………………… 028
如果买衣服不花费金钱会发生什么……………………… 031
做一个"衣柜里的减法"，改变和衣服相处的方式……… 034

**第二章　知晓自己的生活方式也就了解了
　　　　　什么是自己"所需的服饰"**…………………… 037

在做"减法"之前，先了解自己的生活方式…………… 038
调查自己的活动范围及所需的服饰……………………… 041
从"鞋"开始寻找自己的生活方式……………………… 048
从自己的活动范围中推断出"所需的服饰"都有哪些… 050
思考各个不同场合的"理想穿衣搭配"………………… 053
哪件衣服能够充分展示自己的个性——
思考自己的"时尚标准"………………………………… 058
生活方式发生变化，"所需的服饰"也会随之改变…… 063

第三章　为衣柜做一个减法 ···················· 065

　　目标：收纳能力很强的衣柜 ···················· 066
　　清点你的衣柜 ···················· 069
　　把衣柜里面的衣服分为○△× 三个级别 ···················· 071
　　把分到○里面的衣服列出一张清单 ···················· 075
　　验证×级别的衣服成为"不能穿的衣服"的理由 ···················· 082
　　处理×级别"不能穿的衣服" ···················· 087
　　无法割舍的回忆的珍藏方法 ···················· 099

第四章　挑选真正"所需的服饰"的方法 ············ 101

　　为衣柜做加法的不是"好看的衣服"，而是"我需要的衣服" ··· 102
　　事先了解收纳能力 ···················· 104
　　制作"所需的服饰"列表 ···················· 107
　　了解适合自己的颜色和衣服尺码 ···················· 114
　　在店铺灵活挑选衣服的窍门 ···················· 121
　　选衣服的时候要看这里 ···················· 125
　　在网上或者电视购物节目上买衣服 ···················· 130
　　如何考虑花费在服装上的预算问题 ···················· 132
　　定制衣服 ···················· 134
　　不花费金钱、时间、空间就能享受时尚的方法 ···················· 136

第五章　和自己喜欢的衣服携手前进 ················ 139

　　爱惜地穿自己喜欢的衣服 ···················· 140
　　让衣服寿命持久的小窍门 ···················· 143
　　洗衣服的小窍门 ···················· 146
　　改衣服、重新制作的创意 ···················· 152

第六章 如何整理家人的衣柜·················· 155

如何整理对方的衣柜 ······················· 156
让孩子自己整理衣柜的方法 ····················· 159
按照孩子的不同性格让孩子掌握收拾衣服的方法 ·········· 163
结语 ······························· 166

第一章

衣柜里为什么会堆满"不能穿的衣服"

明明衣柜被塞得很满,为什么我还是没有能穿的衣服

"明明衣柜被塞得很满,为什么我还是没有能穿的衣服?"

你是不是也有过类似的感慨呢?

一打开衣柜,仿佛下一秒就要溢出来一般地挂着许多衣服——各种颜色的连衣裙、套衫、衬衣、短裙,比较厚的外套大衣、夹克外套,甚至还有参加葬礼的服装。有时,我们会使用连体衣架把这些衣服都收在衣柜里面。

即使如此,家里的衣柜和衣物收纳柜的空间还是不够,哪怕又买了塑料衣物收纳盒及组装式金属衣架、衣物收纳袋等,大多数人还是会在家里的各个角落放置衣物。

虽然我们有很多衣服,但却经常会遇到从大量的衣服中难以做出选择的情况。

一旦我们决定要出门了,就会发现:

"我没有能穿的衣服……"

这到底是为什么呢?

我们原本拥有很多衣服,按照常理来说不会出现"没有能穿的衣服"这个情况。单从数量上来看,这些衣服完全足够我们穿。

但是,以数量取胜的这种情况往往会发生在我们的"家里"。

第一章
衣柜里为什么会堆满"不能穿的衣服"

如果是在家里度日,基本上不需要为着装而烦恼。只要有 polo 衫、牛仔裤、汗衫这类日常服装就完全没问题。当然,这里所谓的"家里",并不仅仅局限于家庭内部。根据每个人的感受不同,可能会包括"邻里""车里面""家附近的便利店""关系比较近的朋友、亲戚家"等这些和在家里一样能够放松且无须精心打扮自己的地方,也就是所谓的位于"自己家的延长线"上的这些地方。此时,如果要出门去这些地方,即使离开了自己的家,也可以和在家里一样,穿一些舒适的衣服,又不感觉自己在衣服上逊色。

可是,问题却出在到"外边"去的时候。

所谓"外边",就是上述提到的"家里"以外的所有地方。就如同每个人对于"家里"的定义范围有所不同,对于"外边"的范围界定也会因人而异。但是,对于大多数人来说,"外边"基本上都是指"(家人以外的)其他人聚集的地方、与别人见面的地方"。

- 去公司、学校
- 和朋友去购物
- 和男朋友去餐厅吃饭
- 看电影、看音乐会
- 参加派对、同学会
- 外出旅行
- ……

我们从所谓的"家里"来到"外边"的时候,就需要一些适合这些场合及见面对象的衣服。

然而,尽管我们的衣柜里塞满了大量的衣服,但还是会发现我们经常没有适合"外出"的衣服。

第一章
衣柜里为什么会堆满"不能穿的衣服"

衣服是连接"每个人"和"社会"的物品

衣服所具备的首要功能就是保护身体。由于人类不像其他动物那样拥有皮毛、羽毛或者坚硬的外壳,因此在受到物理刺激、摩擦及动植物等带来的危害时,需要保护身体,以防受到外界的压力和危险,进而受到伤害。而衣服恰恰承担了能够匹敌"保护身体的外壳"的保护功能。

同时,衣服所具备的另一个重要作用便是在炎热或寒冷的环境下保持体温稳定。正是因为有了衣服的存在,人可以将其活动范围一直扩展至气温低至 0℃以下的严寒地带或者炎热的沙漠地带。

此外,衣服还会帮助我们顺利进行运动、劳动、睡眠等活动,经营生活。例如,运动服饰、各种工作服及睡衣等。这些衣服对于我们享受舒适、便捷的生活来说是不可或缺的,同时这也是穿衣这一行为最为基本的作用。

而另一方面,衣服还具备一个在人类社会中不可或缺的作用,那就是"把人与社会联系起来"。

例如,"制服"代表穿制服的人对其所属集团的归属,在祭典、庙会、活动场合穿着的短外褂、浴衣等服饰也代表了穿衣人与所属团体之间的一种联系。僧人穿着的袈裟往往代表了其地位高低和职务所在。此外，参加婚礼及满月等典礼活动所穿的盛装在我们的社会中也分别被赋予了不同的含义。其中最大的意义和目的在于"向其他社会成员表现自己"，也就是所谓的"爱美之心"。

我们拥有一种通过服饰表达自己的意愿。通过按照自己喜欢的颜色、设计、材料及穿法挑选衣服穿在身上，实际上是在无言地在向他人彰显"我是这样的人"，使别人一目了然。

在"外边"穿着的衣服，就需要具有满足这种"爱美之心"的作用。甚至有的时候为了满足这种"爱美之心"，保护身体及调节体温等功能都会被置于次要位置，一个典型的例子便是在大冬天穿迷你短裙的女生。

在"家里"穿的衣服只需要保持清洁干净、符合气候就足够了，但是在"外边"穿的衣服还需要满足更复杂的场合要求。就算符合外界季节和气候，如果衣服褪色了或者起球了，我们一般也不会再穿。如果一件既完好又干净的衣服无法承担表达自我的这一功能，那么这就是一件不能在"外边"穿的衣服。

第一章
衣柜里为什么会堆满"不能穿的衣服"

衣服把我们和各种场合联系起来

与公司的联系→西装

与运动队的联系→运动服

与社区的联系→T恤&牛仔裤

与各大红白喜事的联系→礼服

与闺蜜聚会的联系→连衣裙

为什么衣柜里全都是
"不能穿的衣服"

如今,人们大多比较关注时尚和流行趋势。如果"总是穿着一样的衣服"或者"穿着太过于落伍的衣服",可能会在周围的人中十分"显眼"。很多日本女性对于"穿着和昨天一样的衣服去相同的地方"这件事情抱有较强的抵触情绪。

而且,我们也需要根据季节和气候对服装进行物理性的调整。由于日本四季分明,每天的气温和湿度变化都很大,因此就需要每天仔细地计划好具体穿什么。

由此可见,我们虽然有很多衣服,但还是会经常苦恼"没有衣服穿",而其主要原因就是我们每次出门到"外边"去的时候,很难用手边的衣服对相应的场合进行搭配。

如果衣服完全不适合要出席的场合或要见的人,那么就不会产生要穿它的想法。即使穿了,自己的心情也不会好,还会给对方留下糟糕的印象,更不能充分表现自己。这样,这件衣服变成了我们心中"不能穿的衣服"。

虽然这些衣服对于我们来说是"不能穿的衣服",但是这些衣服并没有什么破损,有的甚至很昂贵,要扔掉这些衣服对于我们来说还是会有些不舍,因此很难潇洒地扔掉。可是另一方面,我们又需要"能

第一章
衣柜里为什么会堆满"不能穿的衣服"

穿的衣服",所以又会去买更多的衣服回来。不久,这些买来的衣服又会变成"不能穿的衣服",陷入无限循环。这也就是为什么我们明明并非从事时尚工作,也没有购物依存症,我们明明都是非常普通的人,却还是有多到收拾不完的衣服。

也就是说,我们的衣柜存在这样一个怪圈:衣柜里的衣服不断增加,尽管数量多,但是"能穿的衣服"却一直没有变多。

当然,能够收纳这些"不能穿的衣服"的面积也包括在租金或者住房贷款当中。如果没有这部分面积,我们平时在家里的活动空间就会变大。想要"整理一下衣柜里面的衣服"这一想法是好的,但是如果衣柜中原本就只有"能穿的衣服",其实并不需要花费时间去整理衣柜。如果把基本上没怎么穿过的衣服按照穿过的次数做个除法,那么穿一次衣服我们花费的金钱大概是多少呢?这样看来,这些在大减价或者在直销店买的"划算"的衣服,在我们看来真的有那么划算吗?

我们衣柜里这么多的衣服对于我们来说都是真的需要的吗?

# 明明一开始很喜欢，为什么后来这些衣服就变成了"不能穿的衣服"了呢

那些大量封藏在衣柜中的衣服，我们刚买到的时候也觉得它们很棒。肯定是因为某些地方吸引我们，所以才会购买。当然，也有一些衣服是别人送给我们，才将它们带回家的。没有任何一件衣服是无缘无故出现的。

那么为什么这些衣服都变成了"不能穿的衣服"了呢？

首先，我们来回忆一下拿到这些衣服时的情景。

"这件衣服颜色很好看，我很喜欢，往身上比了一下也觉得特别合适。"

"我太喜欢淡红色的衣服了！我一定要买这件！"

"这件衣服的花纹这么独特，过了这个村儿就没有这个店儿了！"

"有着新颖的撞色和压线，款式设计也很新潮。"

"这个是现在最流行的！一直都很想要！"

"这个高端牌子折扣竟然这么低，简直是撞大运了！"

"反正天气已经变冷了，这件衣服穿起来应该很暖和（反正天气已经热起来了，这件穿起来应该很凉爽）。"

第一章
衣柜里为什么会堆满"不能穿的衣服"

"大减价每件只要1000日元!简直就是白菜价!"

"喜欢的衣服凑齐所有颜色比较方便替换着穿。"

"最近要去参加派对,先买一些参加派对可以穿的衣服吧。"

"在喜欢的那个牌子的官网上看到了和自己理想中完全一致的衣服。"

"去亲戚家玩的时候,正在换衣服的表姐妹把她不穿的套装给我了。"

"路过一个跳蚤市场,看见一条复古风格的连衣裙,而且这裙子只有一件了!"

"逛街时看到衣服上挂着'杂志款'的标签,这肯定是目前最流行的款式,当然要买下来啊!"

……

如此,我们买回来的或者我们通过其他途径得到的这些衣服为什么就变得不能穿了呢?为了知晓其中的原因,我们需要把时间稍稍调前一点来思考——我们渐渐地不穿这些衣服的过程究竟是怎样的。

- 喜欢这件衣服的颜色→回到家试穿,发现和在店里看到的颜色不一样,在自然光下看就更不一样了,而且和其他的衣服很不搭。

- 超级喜欢的淡红色→因为已经有很多这种颜色的衣服了,不知不觉这件就被淹没其中了。

- 看中了新颖的花纹→视觉冲击太强烈,频繁地穿就会给人一种"她又穿这件衣服了"的印象,会让人觉得自己穿衣太单调,所以只穿了几次就把它收起来了。

● 款式设计新潮的衣服➡看起来很棒，但是穿起来很难受，穿一天都会感觉很累，于是就"敬而远之"了。

● 一直都很想要的衣服➡流行的热度转瞬即逝，现在穿出去会感觉很尴尬。

● 喜欢的牌子难得降价➡实际上就是专门为了减价而设计的衣服，剪裁和上身的感觉都很一般，又因为是品牌服装舍不得扔。

● 根据季节变化，在不知不觉间买的一些衣服➡换衣服的时候发现之前买了很多差不多的。

● 超级便宜的衣服➡一分钱一分货，廉价的质量，廉价的外观。

● 买了各个颜色的衣服➡实际上就只穿某个颜色的那一件。

● 急用的派对服装➡因为急用，所以无可奈何只能买了，穿了一次之后再也不想穿了。

● 网购买的衣服➡模特穿上很好看，自己穿就和想象中不一样，很失望，但是退货又很麻烦，就那样放着了。

● 别人给的衣服➡和表姐妹体型不一样，所以有的地方穿起来尺寸不太合适，拿去改衣服又很麻烦。

● 复古风的旧衣服➡仔细看一下，发现裙摆和袖子上有污渍洗不下去，犹豫要不要穿。

● 看到"杂志款"的标签就买了的衣服➡模特穿上就很好看，自己穿上效果就很一般。而且流行的潮流宛如过眼云烟，很快流行就变

第一章
衣柜里为什么会堆满"不能穿的衣服"

得不再流行了。

就这样,并非因为遗忘,而是因为各种各样的原因,有一些衣服渐渐不再被我们穿上身了。

如果买衣服不花费时间会发生什么

我们前面列举的"衣服变得不能穿的理由",大致可以分为两类:一个是"购买时没有花太多时间",还有一个是"没有花费太多钱"。

所谓花费在购买上的时间,其实并不单指逛街购物所用的时间,而是指自己需要什么样的衣服并去购买所花费的时间,也可以称为"管理衣服的时间"。

日本明治时期,西式服装刚刚传入日本,对于那个时候的人们来说,服装(西式服装)都是需要特别定制的。

后来,洋装使用范围扩大,普通人也能穿得上了。但是,人们还是像以往一样到专门的服装剪裁店去定做,或者自己在家里剪裁。除了极个别的情况之外,基本上是没有成品服装的。

从 1955 年开始,随着日本经济的高度增长,成品服装的生产规模急速扩大。起初,提到"成品服装"就一定是质量不好的代名词,后来随着品质逐渐改善,到了现代,在日本流通销售的成品服装都是高品质的产品。相反,穿自己剪裁、高价定做女士服饰的人变得越来越少,所谓买衣服也变成了到店铺买成品衣服的意思了。此外,也有一些厂家把制作工厂搬到国外租赁费用低的地方进行生产,大幅降低了服装的价格。所以服装的价格飞速降低,呈现出了低价化的趋势。

第一章
衣柜里为什么会堆满"不能穿的衣服"

我们可以从很多地方买到成品衣服。例如,专卖店、百货商店、大型超市及大型购物中心等。除此之外,还可以通过电视购物、网购等途径进行购买。

与过去相比,现在的衣服物美价廉,不需要花费太多的时间,可以随意挑选自己喜欢的衣服,价格也都比较适宜。特别是对各位女同胞来说,在这个环境下,让她们不买衣服或许才是不可能的事情。

如果是定制服装的时代,那么买衣服就要从"选衣料"开始。之后丈量全身的尺寸,并对样式进行调整。毋庸置疑,这个过程会花费很长的时间。

相反,购买成品服装则不需要花费很多时间。我们只需要从店铺中摆放的衣服中挑选出符合自己喜好、尺寸及预算的就可以了。只要有足够的金钱,就可以立刻买到衣服。如果是通过商品目录、电视、网络等途径进行购买,甚至都不需要特意到店里去。

无论身在何处,无论在何时,我们都能方便快捷地进行购物。除此之外,因为物流的便利,所有商品都能快速地到达消费者手上。正是这种便利性,使我们衣服的数量急速增加。在并不宽敞的房间中,大量的衣服无疑给我们带来了压迫感。

不管我们有多少衣服,如果能够有效地利用每一件衣服并充分享受时尚的快感,那都是没有问题的。但是,实际情况又是什么样的呢?

虽然衣服的品质提升了,尺寸也在不断地得以完善,但是与喜好和尺寸都可以按照自己的心愿去定做的定制服装不同,成品服装总会在一些细节上出现令我们不满意的地方。由于定制服装花费的成本和时间较多,我们在定做衣服的时候会考虑现有衣服的数量和颜色,并在此基础上谨慎购买。反之，随意购买的衣服不断增加，所带来的失败也随之增加。

于是，就会陷入"不会花费太多时间就可以不断地买→不喜欢这件衣服→虽然不会穿但是又不舍得处理掉，只能封藏在衣柜里→没有能穿的衣服→购买→继续封藏"的循环里。

这个循环不断重复，就会出现"虽然衣服的数量多，但是能穿的衣服却没有变多"这一令人纠结的现状。

第一章
衣柜里为什么会堆满"不能穿的衣服"

如果买衣服不花费金钱会发生什么

与以前相比,成品服装的价格便宜了很多,这也为所谓的"快餐时尚"的流行添了一把火。

像优衣库、ZARA、H&M这些"快餐时尚"品牌以年轻人为主体,受到全世界人们的欢迎。这些品牌的营销策略就是在短期内不断投入新商品,通过华丽的广告宣传增加顾客光顾的机会,销售大量的商品。这些快销品牌通过降低成本大幅降低了成衣的价格,也就导致我们能用同样的钱买更多的衣服。

"以低廉的价格买更多的衣服"看上去可能是一件很不错的事情,但是这些过于便宜的衣服也暗藏了不少风险。

这些"快餐时尚"品牌的衣服所具备的最大魅力就是以非常便宜的价格享受时下最流行的设计元素,但是流行风向标瞬息万变,前一秒还是流行的,下一秒就有可能变得很落伍。

这些衣服的低廉价格里面可能包括以上这些因素,但作为消费者是不会考虑这些的。

此外,消费者真的能从商家为了直销或减价所制作的名牌衣服之中得到同正规商品相同的满足度吗?

当然,并不是说花更少的钱去买衣服是一件坏事。如果同一件衣服能用更便宜的价格购买，那当然越便宜越好。问题在于，我们被价格低廉的表象所迷惑，不知不觉就买了很多不该买的东西。

不管这些衣服有多便宜，买完后无法再穿就只能放到衣柜里。这一点对于免费获得的衣服来说也是一样的。

衣服数量多少与时尚程度高低没有关系，哪怕是数量少也没问题，希望我们能够把自己真正喜欢的衣服长期保存好，让衣服把我们变得更美。

我们可不可以改变一下我们和衣服的相处方式呢？

第一章
衣柜里为什么会堆满"不能穿的衣服"

如果不花费过多的时间（精力）或者金钱去仔细挑选衣服，衣柜里面封藏的衣服就会越堆越多

做一个"衣柜里的减法",改变和衣服相处的方式

改变和衣服的相处方式——和我们现在的这个被塞得满满的衣柜说再见,和"买了不穿先放着再说"的这种行为说再见。毕竟,买了不穿先放着的这种做法一点也不时尚。

可可·香奈儿是20世纪很有代表性的著名时尚设计师之一,据说她在晚年就只有两套套装。衣服数量的多少并不代表时尚程度的高低。相反,不能有效利用现有的衣服,也不去考虑多姿多彩的搭配方式,就只是把衣服堆积起来,才是一种庸俗的体现。

不要再为了收纳一些不穿的衣服而买衣柜了。请试着设想拥有一个只挂着自己喜欢的衣服、看起来很干净清爽的衣柜。我认为这样更能够让能自己保持优雅的气质,也才能享受时尚。

营造一个没有多余物品的衣柜,并不代表要搬空衣柜,也不是说一定要把衣柜里面的衣服减到最少,而是要把衣柜里面的东西减到"最小值"。当然也不是绝对化的。归根结底,衣服可以把我们和社会联系起来,人们的生活方式千变万化,所以每个人收纳衣服的方式同样千差万别。

从事时尚行业的人们需要各种各样的衣服,研讨会讲师或者从事

第一章
衣柜里为什么会堆满"不能穿的衣服"

运营活动等这类需要与很多人见面的人可能需要很多衣服,所以并不是说衣服少就一定好。

最重要的是,"无论衣服多少,都能对其进行有效的利用和管理。"

同时,"无论衣服多少,都要有自己喜欢的衣服,只有这样才不会为穿什么而苦恼。"

我认为,能够做到上面两点才是真正享受时尚快乐的人。

那么,如果将衣柜里那些不需要的东西清空了,会有什么效果呢?

如果衣柜里那些不需要的东西没了,就会多出一些收纳空间,就算买回来新衣服也无须担心没有收纳空间。

如果我们不那么费力地把很多衣服塞进衣柜,衣服上自然也不会出现奇怪的褶子,衣柜里的衣服可以即穿即走。

同时,我们还可以轻松地了解各种衣服的情况,迅速决定搭配。这样一来,准备出门的时间也会缩短。不仅如此,这样的状态还便于我们制订自己的穿衣计划,有效地避免购买样式重复或很难搭配的衣服,减少衣柜中无用品的数量,剩下的钱就可以用作购买高质量衣服的资金。

这样,换季整理衣服也会变得相对容易起来。根据我们现有衣服的情况,甚至可能出现不需要进行换季整理的情况。最重要的是,整理和打扫会变得很轻松,当然"没能充分利用每一件衣服"的自责的情绪也会烟消云散。

由此可见,从衣柜中"减掉"这些没有用的衣服,可以让我们更好地享受时尚带来的快乐,降低了整理衣柜等其他事情的复杂程度,还可以节省各种场合在时间上、空间上、金钱上的不必要之处。

第二章

知晓自己的生活方式也就了解了什么是自己"所需的服饰"

在做"减法"之前,先了解自己的生活方式

上一章我们简单地分析了为什么为衣柜做"减法"对于那种没有无用品的、清爽的生活来说是很重要的。在本章中,在对衣柜做"减法"之前,先请大家重新审视一下自己的穿衣情况。

说到这里,大家可能会想:什么?现在还不能扔吗?比起在这里想这些,我想快点扔掉不需要的东西!

确实,如果决定要扔,我们会突然鼓起勇气拿起垃圾袋,埋头于衣柜中,从头扔到尾。

我可以理解这种急切的心情,但是请等一下再扔。

如果就这样趁着这种气势一鼓作气收拾衣柜,衣柜确实会变得很空。扔完后,心情可能也会很好,但是这只是一时的轻松。等到过一段时间再看,衣柜里面还是会不断堆积不能穿出去的衣服,又会变得很乱。

这是因为,这种做法只是单纯地扔掉不用的衣服,自己其实并没有搞懂为什么自己会买不需要的衣服。说到底,这也可以归结于自己不知道自己现在的生活状态,更不了解今后想要过什么样的生活。

收拾房间同理。

看到凌乱的房间觉得很烦躁,某一天下定决心开始扔东西。将各

第二章
知晓自己的生活方式也就了解了什么是自己"所需的服饰"

种东西装满很多个垃圾袋然后丢弃,也有人办跳蚤市场,或者把这些东西送到回收商店。一口气收拾了整个房间,确实能感觉神清气爽。

但是,我们在扔东西之前,有没有想过为什么房间会如此凌乱?如果没有思考过这个问题,那么自己之前随意放东西的习惯、行为就不能得到改正。这样,无论扔多少次东西,如果不从自身做出一些改变,之后房间还是会被自己弄乱的。

我们有很多穿都不会穿的衣服正是因为我们不知道自己"需要什么样的衣服"。

并不是"现在神清气爽就好了",为了以后不会重新变成乱七八糟的样子,我们要找到原因,注意不能再发生同样的错误。

为此,需要仔细思考一下,自己现在的生活究竟是什么样子的,自己究竟需要什么样的衣服,今后自己想要过什么样的生活,以及需要什么样的衣服。

做出这些思考可能会花费一些时间,但是比起一上来就没头没脑地扔掉东西,冷静思考可以防止我们重蹈覆辙,也可以阻止我们买一些没有用的东西。急着扔东西反而会让自己忽视过去失败的原因,所以我不推荐一上来先扔东西的做法。

"没有可以穿的衣服!"

有这样的烦恼并不仅仅是因为衣柜里封藏了许多不能穿出去的衣服,还因为我们不知道自己究竟"需要哪些衣服"。

为什么我们的衣柜里面没有我们"需要的衣服"呢?这是因为我们还没有完全了解自己的生活方式,在买衣服的时候就会不由自主地购买"想要的衣服""好看的衣服",而意外地遗忘那些我们"所需的衣服"。因此，通过分析我们"自身"，可以预防这种情况的发生。

在动手收拾衣柜之前，我们先分析一下自己的生活方式，从中推论出我们究竟"需要什么衣服"。

第二章
知晓自己的生活方式也就了解了什么是自己"所需的服饰"

调查自己的活动范围及所需的服饰

为了推论出自己"所需的服饰",首先要"知晓自己的生活方式和活动范围"。

年龄、工作、立场、职务、繁忙程度、居住地区的气候、体质、交通方式等所有信息不同,我们"所需的衣服"样式和数量也会不同。由于个人生活方式不同,衣服所需的多也会有较大的不同。

例如,一个"住在一年四季气候稳定的地方,在家办公,没有孩子"的人和一个"住在四季分明,夏天很热、冬天下雪的地方,从事时尚相关工作,有孩子"的人。

即使这两个人是同龄人,二者的活动范围也完全不同,"所需的衣服"也会随之不同,所需数量也会有所不同。

自己在什么时候去过什么地方、穿着什么衣服,如非刻意记忆,普通人基本都会忘记。为此,"每年总有几次找不到适合穿出门的衣服"的人是不会完全掌握自己的活动范围的。同时,她也有可能并没有将上次的失败作为前车之鉴来警醒自己。

在大大小小的集会或聚会中,总会有几年去一次的地方。根据集会或聚会的参加人员及地点的不同,应该像参加同学会一样注意一下自己的穿搭。为了应对一些无法预测的红事、白事,还必须提前准备好相应的服装。这种类型的活动，由于发生频率较低，就算我们在穿衣上有失败，也很有可能到下次参加的时候早已忘记。

如此，就算因为没有可以穿的衣服而烦恼，我们也很有可能立刻就忘记。但是通过记录自己的活动范围和活动时穿了什么样的衣服，就可以唤醒我们在某个时间节点因为不知道穿什么好而苦恼的记忆，这样也可以让我们知道自己手边衣服的适用程度。

做好记录并对此进行验证，是成功对衣柜做"减法"的第一步，同时也可以有效地防止同样的问题再次出现。

第二章
知晓自己的生活方式也就了解了什么是自己"所需的服饰"

用7个表格对衣柜做个减法

如何填写表格①过去一个月的活动范围及所需服装调查表

过去一个月的活动范围及所需服装调查表
表格①

日期	去了哪里见了哪些人	着装	觉得最好有哪些物件
10/1	和朋友去了居酒屋	T恤、长裙	黑色的凉鞋
10/2	在家里做家务等		
10/3	在工作场合与60多岁的男性会面	黑色连衣裙	白色的夹克外套
10/4	在酒店大厅与客户见面	棕色连衣裙	有女人味的套衫
10/5	访问客户公司	橙色连衣裙	有女人味的套衫或套装
10/6	客户公司的女性职员来公司	T恤、黑色短裤	白色针织衫
10/7	与其他公司会谈	黑色连衣裙	米色夹克外套

（填写案例）

在这个表格里记录一下重要的信息，例如过去一个月去了哪些地方见到哪些人、那天穿了什么、合适的物件等。如果回忆起来比较困难，试着记录一下一个月内的活动和着装吧。

如何填写表格②我的活动范围

我的活动范围
表格②
工作或者职务需要去的地点及所做事情

地点	事情
访问其他公司	商务会谈、发表策划等
与其他公司会谈	有关工作交换信息
宾馆大堂	与重要客户会面
展览会	收集与工作相关的信息
幼儿园	上下班接送孩子

（填写案例）

以"过去一个月的活动范围及所需服装调查表"为出发点，尽可能地回忆你在日常生活中去了哪些地方。根据这个表可以掌控自己的活动范围，可以配合活动范围讨论需要什么样的衣服。

过去一个月的活动范围及所需服装调查表
表格①

日期	去了哪里见了哪些人	着装	觉得最好有哪些物件
/			
/			
/			
/			
/			
/			
/			
/			
/			
/			
/			
/			
/			
/			

第二章
知晓自己的生活方式也就了解了什么是自己"所需的服饰"

日期	去了哪里见了哪些人	着装	觉得最好有哪些物件
/			
/			
/			
/			
/			
/			
/			
/			
/			
/			
/			
/			
/			

我的活动范围
表格②

○ 工作或者职务需要去的地点及所做的事情

地点	事情

第二章
知晓自己的生活方式也就了解了什么是自己"所需的服饰"

○ 工作或者职务需要去的地点及所做的事情

地点	事情

○ 每年去几次或者每几年去一次的地方及所做的事情

地点	事情

从"鞋"开始寻找自己的生活方式

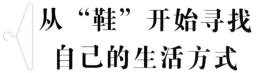

另一个有助于掌握自己活动范围的方法就是重新审视一下自己的鞋。

鞋是把我们带到外界的一个重要工具,要外出活动就一定会需要合适的鞋子。如果是特别重要的活动,就需要与此搭配的鞋子,因此如果我们的活动范围很大,也就随之需要各种各样的鞋。

请重新看一下你所拥有的鞋子。如果同样的鞋子有好几双,也就是说你现在的生活局限在这双鞋能够涉及的范围内。例如,以工作为重心,休息日想要好好休息、去除疲劳的人,需要好几双上下班穿的浅口船鞋。

如果一个人拥有鞋子的数量很少,但是鞋子上的伤痕较多,可能说明她忙到甚至都没有时间去保养鞋子,或者买几双新鞋。

相反,如果摆着各式各样的鞋子,说明这个人可能每天都过着十分丰富多彩的生活。既会出席华丽的派对,也会在节日或者庆祝日去露营。对于一些喜爱跳舞或者运动的、活泼的人来说,既需要高跟鞋,也需要胶鞋或者运动鞋。

此外,对于活动范围很窄,但是有固定着装倾向的人和总想尝试各种不同风格的人来说,她们拥有的鞋子的种类和数量也存在差异。

第二章
知晓自己的生活方式也就了解了什么是自己"所需的服饰"

假设你有很多鞋子,但是有的鞋子不怎么穿了,久而久之鞋子就旧了,或者还有很多鞋子只穿过几次就放起来再也没有穿过。如果是这样,就说明与这类鞋子相匹配的活动最近正在逐渐消失。鞋子可以反映出我们生活方式的变化,所以如果想了解自己的生活方式,了解自己的鞋子是首选方法。

之前,和一位拥有衣服很少的人士谈话时发现她只有三双鞋。我们在削减衣服数量的时候,如果先从鞋子下手,就会发现,随着鞋子数量的减少,衣服的数量也会自动地变少。

如果还没有掌握自己穿搭的方向,或者不太了解自己究竟喜欢什么类型的搭配,可以通过观察自己的鞋子来掌握自己的穿搭倾向,并根据自己所出席的不同场合,下决心限定一下自己鞋子的类型。

从自己的活动范围中推断出 "所需的服饰"都有哪些

大家是否已经通过前面的表格验证了自己的活动情况及期间穿着的服装了呢?也许大家已经惊讶地发现原来自己去过那么多地方,发现自己就算没有合适的衣服也能够适当地敷衍过去。

通过明确自己的活动范围、记录自己所穿的衣服,我们可以了解自己平时过着怎样的生活,以及如何搭配自己的衣服。

"平时都是围着工作转,很少有个人外出的时间,所以对于我来说,日常个人服饰平时也不太穿,没有什么意义。"

"现在主要围着孩子转,平时很少出门,但是孩子也长大了,我也开始外出学习一些技艺、参加一些活动,可是这时总是没有时尚的衣服能穿!"

"与兴趣相同的人聚会,他们经常邀请我尝试一些以往没有做过的运动或者参加一些户外活动。"

如此,我们可以从自己活动范围中较为突出的、新增加的一些活动看出目前我们手头的这些衣服是否与之相符合。

于是,我们就会发现,自己以往买的一些衣服实际上并不是必需的,还需要买一些我们需要的衣服。

我们之所以之前一直觉得"衣服很多,但是没有能穿的",可能

第二章
知晓自己的生活方式也就了解了什么是自己"所需的服饰"

是我们各类活动所需的衣服数量、各个季节搭配所需颜色及素材并不充分导致的。虽然有一些,但是其中并没有我们真正需要的衣服。

如果我们清楚地掌握自己的活动范围,了解各类衣服对于自己的重要程度,自然而然就可以推断出自己究竟需要多少件衣服,以及什么样的衣服。

"最近太忙了,都没时间出去玩,但是现在是专心工作的时候。我充实了一下自己的工作服饰,享受每一天。"

"在一些活动或者成果展示会上,其他的妈妈们都穿得很洋气。随着孩子的成长,我自己也想打扮得稍微洋气一点,所以买足了可以穿出门的衣服。"

"用手头的衣服坚持熬过这个季节,但是活动起来很困难,而且夏天又热;之后还有可能有更多外出游玩的机会,于是下决心重新购置了一些合适的衣服。"

就像上面这些例子一样,为了今后的生活,让我们来看一下哪些是"必需的衣服"。

根据各类活动的参加频率和内容不同,虽然有的衣服需要有换洗的,有的时候外出旅游时需要多带几件,但是最好还是避免一次性买很多件衣服。

"买很多让我觉得很安心。"

"反正颜色也不一样,不如全都买回来。"

如果像这样,一次性大量购买,最后很有可能买了却不能穿,积压在柜子里面没有任何用处。

新衣服一般是在我们穿一两次或者拿回家洗一下之后,才发现是不是穿着舒服、是不是容易打理的。因此，最好通过实际的行动慢慢购买。

虽然一次性买很多衣服让人心情很愉悦，但是反过来我们挑选每件衣服的时间也会被缩短，为此也会在购买上产生失误。特别是大减价的时候，我们会不经意买很多衣服，这种时候需要特别注意。

在本书中，我不会明确告知大家诸如"应该有多少件衣服"或者"最低限度应该有多少件衣服"这些信息。因为上述信息因人而异，自己所需衣服的数量只有自己最清楚。

第二章
知晓自己的生活方式也就了解了什么是自己"所需的服饰"

思考各个不同场合的
"理想穿衣搭配"

　　如果你对自己"所需的衣服"心里有数，那么接下来就根据不同场合来思考一下具体的穿衣搭配吧。

　　买衣服这件事情本身是很简单的：大街上到处都是卖衣服的；在网上搜索一下，即使坐在家里足不出户也可以买衣服。

　　但是如果不提前考虑清楚我们究竟需要什么样的衣服，以及如何对这些衣服进行搭配，一旦进入商店，只有一个十分模糊的印象，最终很有可能买了那些看上去很棒但是可能与我们所需不同的衣服。

　　就算我们有"我想要这样的颜色、这样的花纹、这样的款式"的设想，如果没有想要的颜色或者号码，或者价格太高难以出手，我们很有可能凑合着买了一件类似的衣服。

　　这样循环往复，我们就会逐渐偏离自己理想的衣服。

　　"我是不是真的想要这件衣服？"

　　在不断怀疑的基础上穿上了这件衣服，结果就是，满意度没有上升，反倒是衣服数量不断上涨。这样一来，不但浪费了大量的金钱，而且收纳空间也很紧张。

　　如果我们真的有一件自己喜欢、穿上后也心情愉悦的衣服，那么我们会对这件衣服有着极高的满意度，也会控制不住自己想要穿它的欲望。同时，这些衣服的"活跃度"也会大大提升，绝对不会变成没有用的衣服。

有的衣服即使我们不能立刻买到手，但是我们也会尽量在脑海中描绘着"我其实是想要这样的衣服"的形象，基于此进行准备工作。

虽然不一定存在百分之百符合自己想法的衣服，但是明白这件衣服究竟是什么样的，可以使我们避免购买一些对于自己来说没有用处的衣服，把那些省下来的预算和收纳空间留给我们真正"需要的衣服""想要的理想型衣服"。如果自己真的不需要，那就最好不要买。这样一来，我们的衣柜也不会塞满那些不能穿的衣服了。等我们完成了"理想的穿衣搭配"之后，记住这个搭配，将其作为现实生活中购物的一个参考。

第二章
知晓自己的生活方式也就了解了什么是自己"所需的服饰"

用 7 个表格对衣柜做个减法

如何填写表格③

理想的穿衣搭配

（填写案例）

理想的穿衣搭配
表格③

季节：秋天

活动场景（地点）：
会见其他公司人员
米色瘦款七分袖短外套
膝盖上方 3cm，稍微包身的黑色连衣裙
要点：
素色的连衣裙或者半身裙

活动场景（地点）：
到其他公司访问
卷袖中性风短外套
防压痕黑色裤子
作为装饰，脖子那里系一条丝巾
要点：
给人感觉很严谨的短外套搭配

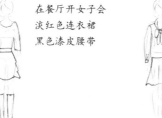

活动场景（地点）：
在餐厅开女子会
淡红色连衣裙
黑色漆皮腰带

活动场景（地点）：
酒店大厅
用雪纺纱等较柔软材料制成的套衫，带蝴蝶结丝带

从 46~47 页"我的活动范围"中选出几个自己经常去的地点（活动场景），描绘适合这些场合的理想穿衣搭配。除了现有的元素，还可以加入现在没有但是自己需要的、理想的元素。把现在没有的配件写下来，这样会很方便查看。我们可以把表格复印几份，根据季节变化进行描绘。

理想的穿衣搭配
表格③

季节：_____

活动场景（地点）

活动场景（地点）

活动场景（地点）

活动场景（地点）

第二章
知晓自己的生活方式也就了解了什么是自己"所需的服饰"

活动场景（地点）

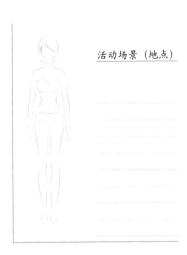
活动场景（地点）

活动场景（地点）

活动场景（地点）

哪件衣服能够充分展示自己的个性——思考自己的"时尚标准"

到这里,我们已经了解了自己的活动范围及所需的衣服和理想穿搭。因此,我们也就了解了自己需要什么样的衣服、真正想穿什么样的衣服等时尚生活的整体情况。现在可以开始扔衣服了,因为我们已经准备好为衣柜做一个"减法"了。

首先,要思考一下"自己的时尚标准"究竟是什么。也就是说,如果你的衣服只能留下最后一件,你会选择哪一件。

如果能够回答这个问题,那么接下来选择扔掉哪些衣服、留下哪些衣服就会变得很轻松。

我们所说的这个"最后一件",一定是穿着很舒服、穿起来自己心情很舒畅、别人觉得你很棒、能够展现最好的自己的这样一件衣服。打个比方,这件衣服就仿佛餐厅主厨那道拿手推荐菜一样。

如果有这样的衣服,就算我们纠结"不知道穿什么衣服比较好",也会比没有这样的衣服要好。同时,我们也可以按照各种场合的不同要求,进行不同的搭配。在逛街时看到很漂亮的衣服,但是不知道这件衣服对于自己来说到底是否为必需的时候,我们的脑海里也会有"我已经有了那件衣服了"的想法,所以不会买一些没有用处的衣服了。

这是因为,我们有了自己所谓"时尚标准"的那一件衣服,也就

第二章
知晓自己的生活方式也就了解了什么是自己"所需的服饰"

意味着我们的心中已经对自己建立了一个所谓的"形象标准"。

如果自己有这样一个较为坚定的"标准",就算流行风向标不断改变、大减价衣服卖得再便宜,我们也会自然而然地觉得"这件衣服不适合我""现在还不需要这件衣服",从而避免购买一些不需要的衣服。

如果我们衣柜里不断堆积一些只是外表好看、想要穿一下但是实际上不实用的衣服,其结局就是一大堆衣服在眼前,就是不知道自己想要穿哪件。这个时候,如果有一件衣服能够穿上去就能表现出"这就是我",我们也会随之变得自信起来,我们的心里也就随之有了一个相应的"标准"。

如果有一件这样的衣服,我们就会想要长期地、爱惜地穿下去,就连去买新衣服,也会以这件衣服为标准。

但是如果没有这样一件衣服,或者不了解自己的"时尚标准",请填写并运用本书61～62页中的"我的'时尚标准'"表格。同时,也可以参考一下以前买过的、觉得还不错的衣服。

如果我们了解了自己的"时尚标准",那么判断"必需的衣服"和其他衣服这二者的标准也会逐渐清晰起来。这样,减少衣柜里面对自己来说并不重要的衣服数量,衣柜也会随之变得整洁。同样,我们补充一些和自己活动范围相关但是目前还不太多的衣服,选择起来也会变得轻松,参加活动也会变得心情愉悦。如果现在不能一下子了解符合"时尚标准"的那件衣服究竟是什么样子的,也不用着急,这件衣服总有一天会出现并起到很大作用,请慢慢考虑。

用7个表格对衣柜做个减法

如何填写表格④
我的"时尚标准"

> 填写案例

我的"时尚标准"
表格④

1. 对于自己来说,哪些是最重要的活动场景(地点)?

到其他公司访问、商务谈判、做展示

2. 用一些关键词来描述此时的穿搭。(数量不限)

干练的感觉、知性、朴素、中性风

直线、短外套风格

但是还要营造一些明亮的、华丽的氛围

从56~57页的"理想的穿衣搭配"表格中填写的活动场景(地点)中,选择一个最重要的场景,并把符合该场景的搭配用几个关键词描述出来,如"飒爽英姿""细腻的感觉""有女人味的"等。在此基础上,把从这些关键词中联想到的颜色、设计、材料等写下来,那么这些就会成为你的"时尚标准"。

第二章
知晓自己的生活方式也就了解了什么是自己"所需的服饰"

我的"时尚标准"
表格④

1. 对于自己来说,哪些是最重要的活动场景(地点)?

2. 用一些关键词来描述此时的穿搭。(数量不限)

3. 根据前面写下的关键词所联想到的颜色。

4. 根据前面写下的关键词所联想到的设计。

5. 根据前面写下的关键词所联想到的材料。

第二章
知晓自己的生活方式也就了解了什么是自己"所需的服饰"

生活方式发生变化,"所需的服饰"也会随之改变

衣柜里面的衣服会根据我们生活方式的改变而发生相应的变化。

当一些衣服穿旧了的时候,我们会替换上一些新的衣服。此时,如果替换成和以往风格完全不一样的衣服,也就意味着随着我们生活方式的转变,我们"所需的服饰"也产生了"新陈代谢"。

"所需的服饰"发生变化的一个最大的原因来自于我们自身的年龄、立场、职务等发生了改变,也就是来自于生活方式的转化。

例如,"就业、跳槽、升职""结婚、生孩子、家人年龄的增长、孩子成长""兴趣和技艺"等。

生活方式会因各种因素不断发生变化,也会因为我们自身的年龄增长而发生改变。

如果我们升职成为管理层人员,就需要一件质量更好的西装。如果我们成为母亲,就需要很多不容易脏、经得起多次洗涤的衣服。为此,随着生活方式的转变,我们"所需的服饰"也就会随之发生变化。

但是如果我们没有随着生活方式的转变而调整"所需的服饰",就会出现合适的衣服不够、苦恼穿什么衣服的情况。

因为要陪孩子一起运动,但是自己平时却基本不做什么运动,为了周末活动或者观看比赛,衣柜里就会塞满运动服。这种情况在我们

的生活中经常会发生。

等到孩子长大一点，上了初中、高中，不需要家长陪同了，加上之前买的那些运动品牌的衣服很结实，能穿很久，所以不知不觉就总是穿着运动服。等到需要参加一些很突然的同学聚会或者夫妻双方一起去吃饭的时候，就会发现自己没有适合这些场合的衣服。也就是说，我们没有跟上生活方式变化的脚步。

在人生的每个节点，重新思考、整理衣柜里面的衣服是一件十分重要的事情。"没衣服了！"或许这是暗示我们生活方式发生转变的一个信号。

第三章

为衣柜做一个减法

目标：收纳能力很强的衣柜

如果你已经了解了自己生活中的"理想的穿搭"和"所需的服装"，那么我们可以开始对衣柜做一个减法了。

我们追求的理想状态下的衣柜应该是什么样的呢？

我们先把衣柜比作一支棒球队来思考一下吧。

一支专业的棒球队伍会招募优秀的队员，培养有潜力的选手，维持一个均衡的配置，根据教练制订的战术来配比并提升"战斗力"。战斗力较高的队伍即使与不同的对手进行比赛，也能不断地获得胜利。

有人可能会认为一支队伍里面选手越多，优秀的选手也就越多，其实不然。实际情况是，经常会发生诸如在队伍里面没能完全发挥出实力的情况，以及各位选手之间的配合不佳导致赢球率不高的情况。

一支队伍里如果只有一发就能打出本垒打的第四棒击球员，比赛也是打不下去的，更不要说赢了。

一支队伍里除了刚才所说的第四棒击球员以外，同样还需要跑得很快、能够盗垒的跑垒员，当然还需要能够顺利完成击球的击球手、预防失误的接球手及强有力的防守。

就算队伍里没有很突出的明星选手，但根据教练的战术配置，使每位选手的能力都得到充分的发挥，整支队伍焕然一新也不是很稀奇的事情。弱小的队伍来个大逆转，捧起第一名的奖杯，这种无法预测

第三章
为衣柜做一个减法

性才是体育比赛的一大看点。

其实我们的衣柜和棒球队伍有着相似的地方。衣服就是各位选手，穿衣搭配就是所谓的战术。将汇集起来的衣服（选手）进行完美搭配（战术配置），可以挑战各种各样的场面（比赛）。

如果穿衣搭配得好（战术配置得当），就是获得了比赛的胜利。

穿衣搭配的成功率得以提升，也就意味着比赛胜利场数有所提高。有一个好的穿衣搭配，就意味着你的衣柜战斗力很强。

相反，虽然有很多衣服，但是无法合理搭配，苦恼着"没有能穿的衣服"，就像球队教练一样，花大价钱请来很多队员，花大成本去培养他们，却总是抱怨"没有能上场的队员"。

实际上，这样的教练也只能被职业棒球团、粉丝喝倒彩。

只有高端衣服的衣柜就好比只有第四棒击球员的棒球队。按道理来说，衣柜里挂满了一流品牌最新流行款式的衣服应该是一件很棒的事情才对。可是，如果衣柜里面没有适合自己目前生活所穿的衣服，这些一流名牌再多也完全没有价值。

例如，在一家很正式的公司上班，午饭都是自己做的便当，偶尔下班后会和同事们去卡拉OK，或者和老家的同学一起去居酒屋聊天吃饭。在这种踏实平稳的生活中，如果出现了20cm的高跟鞋、露背礼服，就会让人觉得似乎有些不合时宜。

虽然我们的衣柜里塞满了衣服，但是里面的衣服很有可能意外地都是"战斗力不足,虚有其表"的。反之,即使衣柜看起来空空荡荡的,但是如果里面所有的衣服都有"战斗力",那么我们的衣柜就是能够"获胜"的衣柜了。

同理，一个理想的球队里面即使没有那么多第四棒击球员，也会云集着在各种关键时刻能够发挥力量的球员。

如果把这一点换成衣柜来考虑，就是按照自己的活动范围及生活方式，准备足够数量的"所需的衣服"，保证我们能够在任何时刻都可以立刻找到合适的衣服，能够立刻穿出门。

如果你的衣柜现在还没有达到这种"战斗力"，必须要好好直面现在的衣柜。如果我们清楚地了解了现在那些衣服的实力、清楚地发现问题的根源，我们自然而然也就知道下一步需要做些什么了：

那就是把整支队伍送进预备队（送到改衣坊）；
指定潜力股选手为新球员，选拔前几名（入手名牌的新款式）。

为了建设一支在低预算的情况下也能够战斗的队伍，让我们来制订一个补充的、强化的作战方案。

第三章
为衣柜做一个减法

清点你的衣柜

提高衣柜的战斗力,首先要做的事情是"盘点"手头的衣服。从事过与制造业、物流相关行业工作的人,可能对这一点比较熟悉。所谓"盘点",就是"为了进行决算、整理,对库存商品、原料、产品等从种类、数量、品质等方面进行调查,评估其价格"。也就是说,"盘点"就是对库存的商品进行评价。

对于一些有自己库存的企业来说,了解库存数量有多少、库存的价值有多大,对于决定今后的经营方针、展开健全的企业活动来说是一项必不可少的重要工作。

这一点对我们的衣柜来说也是相同的。

我们对衣柜进行盘点,了解里面衣服的整体情况,这样我们就知道哪些衣服是不需要的,了解买衣服的时候买什么衣服比较好。这样,我们也就会少买一些无用的衣服,也就不会为了"没有能穿的衣服"而慌张了。

盘点衣柜也可以让我们知道哪些衣服过多,哪些衣服可以处理掉。这样,收纳空间会变大,更有利于我们找衣服。

盘点衣柜能够使我们最大限度地活用我们手头的衣服,更加愉悦地享受时尚的乐趣。由此,就像企业能够展开健全的企业经营一样,我们能够制订一个健全的服装计划。

反之，如果有大量的衣服却不对衣柜进行盘点，也就很难掌控自己衣柜的情况，不知道自己现在有多少件衣服，且有多少件衣服是能够穿出去的。

如果没有清晰地掌控自己所有衣服的情况，就会发生忘记这件衣服存在的情况，就可能发生明明有衣服但是忘记穿的情况。同时，反复穿同一件衣服也会导致衣服损耗很快，或者在买衣服的时候又买了同样的衣服。

如果将这种情况比作社会现象，就是一种不良库存堆积导致赤字经营的情况。如果在衣柜里堆积了这些不良库存的衣服，那么花费在这些衣服上的时间和金钱也就被浪费了，这也是一种"赤字经营"。

但是，即使衣柜现在处于"赤字经营"的情况，只要通过盘点，对衣服进行评估，也还是可以恢复健康的状态的。

即使现在衣柜里堆积了看似不穿的衣服，对其进行盘点，一件一件地去评估，也有可能还会有意外的收获。

同时，通过评估哪些是经常穿出去的"成功衣服"、哪些是没穿的"失败衣服"，也能够从中发现过去购买中的问题，成为今后购物的经验教训。

在衣柜中，"有价值的"能穿的衣服究竟有多少呢？又有多少衣服是"不良库存"，是"不能穿的衣服"呢？

那么，就让我们从盘点衣柜，评估手边衣服的价值开始吧！

第三章
为衣柜做一个减法

把衣柜里面的衣服分为
○△× 三个级别

作为盘点衣柜的第一步，首先对衣柜里面的衣服进行分类，分为 ○△× 三个等级。把衣柜里面所有的衣服拿出来，按照穿着频率进行划分，将频率最高的衣服分到 ○ 等级。再将频率不如 ○ 等级高，但是处理掉又觉得可惜的衣服分到 △ 等级，最后将完全没有利用的机会，可以直接处理掉的衣服分到 × 等级。

○△× 三个等级分类的具体标准请参考下一页内容。

在已经分好类的衣服里面，× 等级的衣服都是要处理掉的。× 等级的分类重点是这件衣服"既不喜欢，又没有用处"。"这件衣服很贵""品质很好"这些都不能成为继续保留这些衣服的理由。我们所说的并不是这件衣服在金额上的价值，而是在我们穿着搭配的时候是否能够起到一定的作用，对这一点的价值高低进行评估。

接下来，要进行盘点衣柜最重要的一步："评估库存"。需要进行这一步的是刚才分到△等级内的衣服。△等级的衣服根据评估情况有两种命运，一种是有可能上升到成为穿着搭配主要战斗力的地位，也就是○等级，另一种就是也有可能被降级到 × 等级。

例如，某件被分到△等级的衣服穿着频率低的理由可能是"扣子掉了""裙摆的线开了""蹭上了脏东西"等无伤大雅的小问题。这时，

划分 ○ △ × 三个等级的标准

	穿着频率的确定标准	对衣服的印象
○	在一个季节里每周穿 1 次以上	• 总穿这件 • 很中意 • 没有很困扰 • 非常方便 • 别人说穿起来很适合自己 • 穿着舒服
△	在一个季节里每月穿 1~2 次	• 偶尔会穿 • 如果有的话会很方便 • 虽然喜欢，但是不太合适 • 最近喜好发生了改变 • 衣服有磨损 • 尺寸不太合适了
×	在上个季节一次都没穿过	• 衣服磨损了没法穿出去 • 价格很贵但是不喜欢 • 衣服很好但是穿着不舒服 • 不太好 • 不喜欢

* 表格里 ○ △ × 三个等级的"穿着频率的确定标准"会根据每个人拥有的衣服数量发生变化。衣服数量多的人会比上面表格中提到的穿着频率低，衣服少的人会比上面表格中提到的穿着频率高。请把自己最喜欢的衣服的穿着频率定为 ○ 等级的标准，比 ○ 等级低一档的就是 △，将完全不穿的衣服分到 × 等级。

第三章
为衣柜做一个减法

我们可以自己修补。如果自己不擅长缝纫，可以交给能够进行修补服务的干洗店等。解决了这些小问题，这些衣服就能够升到〇等级。

但是，如果"不那么喜欢，而且也没太大用处，所以不太想修补"，那么这件衣服就会被降级到 × 等级。

如果说△等级的衣服是"虽然喜欢，但是和其他衣服很难搭配"，可以参考 56 ～ 57 页"理想的穿衣搭配"，研究一下自己的穿搭，思考一下如何组合现有的衣服来产生较好的效果，或者买一些什么样的衣服或配件可以提高这件衣服穿着的频率等。

如果需要购买新的衣服或配件，最好先看一下与其他衣服或配件的搭配，认真制订一个购买计划。模拟了各种各样的搭配，但是和其他衣服怎么也搭不到一起，也没到要配合这件衣服再重新买衣服的程度，那么这件衣服就可以降级到 × 等级了。

像这样一件一件评估△等级的衣服，最终将其分成能够成为穿搭主要战斗力的〇等级和应该处理掉的不良库存 × 等级两种。

这个分类处理并不仅仅是为了减少衣柜里面衣服的数量，更是为了"能够最大限度地活用手头留下的衣服"。

首先，要明确哪些衣服是派不上用场的，分析其原因并给它一个能够起到作用的场合，将衣柜里面最终留下来的衣服全部升级成〇等级，也就是让这些衣服升级成为"正式上场队员"。从这个层面来看，这个分类活动的意义很重要。

把衣柜里面的衣服分为○△×三个级别

第三章
为衣柜做一个减法

把分到〇里面的衣服
列出一张清单

接下来,把刚才分到〇等级的衣服,也就是"能够穿出去的衣服"列出一张清单。

但是下面这几种衣服可以不写到清单里面。

- 睡衣及类似的衣服(不会穿出门)。
- 贴身衣物、内衣。
- 工作服、制服等能够判定和时尚没有关系的衣服。

另外,因为我们平时并不只是穿衣服,还要穿鞋、背背包、戴一些装饰品,所以也需要对这些物品列一张清单。

关于列清单,请参考第 77 页的"〇级别'能穿的衣服'清单"。

我们在填写表格的时候,最好在里面写上如"白色针织衫、文字印花、长宽……"等与设计等方面相关的信息。如果表格中写不下了,可以在后面附上一张较大的便签纸或者记事贴。

现在,我们需要做这样一件事——为衣服拍照。我们很少有机会能够一件一件地仔细观察我们的衣服,所以这是一个千载难逢的机会。

如果你平时使用智能手机,最好下载一些管理衣柜的APP来使用。对衣服以及一些小的配件拍照并保存,可以直接在画面上排列组合,进行虚拟搭配。根据APP种类不同,有的还可以使用目前正在销售的商品照片进行穿衣搭配组合。

这对于能够随时随地掌控手头的衣服和配件十分有帮助。同时,我们在逛街的时候看到商店里陈列着自己想要的衣服,纠结"这件和我现有的衣服搭不搭"的时候,可以拿出APP进行穿搭,十分方便。

目前,衣柜管理类的APP种类繁多,请根据自己的实际情况选择最适合自己的那一款。

当然,也可以不用APP,只用普通的数码相机拍摄。拍摄完成后,按照拍摄的衣服、配饰种类进行分类做成相册,以一览表的形式打印出来会比较方便。如果随后又买了新的东西,可以追加新的照片。对于处理掉的衣服,可以把其照片删除。

除了照片以外,我们还可以用简笔画的形式来进行记录。在名片大小的卡片上用线条画上每个物件的图案,可以大致涂个颜色,也可以用文字的形式简单地描述其特征。

每个人都可以选择不同的记录方式,用照片或者图画记录我们手头的衣服和配饰,对于穿搭和购物都是有益的,请大家多多尝试这种方法。

第三章
为衣柜做一个减法

用7个表格对衣柜做个减法

如何填写表格⑤
○级别"能穿的衣服"清单

（填写案例）

○级别"能穿的衣服"清单
表格⑤

○ 上衣

物品名称	设计款式及材料等特征
黑色针织衫	蝙蝠袖
灰色针织衫	有点厚，领子处有商标
红色开衫毛衣	金色纽扣
粉色针织衫	有点厚，领子处有商标
灰色套衫	玻璃纱材质
藏青色套衫	水洗绒面料
黑色衬衣	很难起褶皱的硬硬的面料
黑色针织衫	穿在短外套里面
黑色连衣裙	纯色羊毛材质

把○级别的衣服按照"上衣""下装"等进行分类，尽量把物品的名称、颜色、款式设计、材质等特征写得具体一点。这些记录在我们思考新的穿搭或者更适合自己的穿搭的时候，在我们买包、鞋子、配饰等的时候也是很有帮助的。

○级别"能穿的衣服"清单
表格⑤

O 上衣

物品名称	设计款式及材料等特征

第三章
为衣柜做一个减法

o 下装

物品名称	设计款式及材料等特征

○ 外套・短外套

物品名称	设计款式及材料等特征

○ 套装・礼服

物品名称	设计款式及材料等特征

第三章
为衣柜做一个减法

○ 鞋子・包

物品名称	设计款式及材料等特征

○ 配饰

物品名称	设计款式及材料等特征

验证 × 级别的衣服成为"不能穿的衣服"的理由

有一部分衣服,我们好不容易买来,却没穿过几次,现在分类到 × 级别处理掉。

虽然觉得很可惜,但是如果把这些衣服继续堆在衣柜里,才是对空间、时间、成本的一种浪费。我们还是果断地和这些衣服说再见吧。

但是,请稍等!

在处理掉这些衣服之前,让我们尝试着去面对一下这些没穿过的衣服吧。

"为什么我们没能活用这些衣服呢?"

如果不去验证这个问题的答案,我们可能还会经历同样的失败。

从失败中总结经验教训,找出共同点,在85~86页的表格里面列一份"不能买的衣服"清单,作为日后买衣服的经验参考。例如,我们可以这样写……

● 款式设计

例如,这条长裙虽然给人感觉很成熟、稳重,但是自己身材娇小,穿上之后总有一种拖拖拉拉的感觉,所以被评为 × 级别——今后不要买过脚踝的长裙!

第三章
为衣柜做一个减法

● **颜色**

例如,因为自己喜欢橙色,所以不知不觉买了很多件橙色衣服,现在有好多类似的衣服——暂时不要买橙色的衣服了!

● **护理**

例如,大减价的时候买了人造纤维材质的套衫,但是没有办法自己在家洗!送去干洗店多次,最后发现成本比买的价格还要贵——尽量不买不能水洗的衣服!

● **缝制剪裁**

例如,喜欢缝制得较粗糙的衣服,所以买了一件较厚的衬衣,穿了一下发现材质太粗糙,穿起来很不舒服——如果直接接触皮肤,不要买粗糙的缝制的衣服!

● **店铺**

例如,店铺陈设看起来很时尚,但是里面光线很暗。试穿了也看不出来效果,买了之后在明亮的地方一穿感觉很奇怪——不能在那家店买衣服!

● **价格**

例如,某个有很多自己喜欢的款式的购物网站。网站经常搞打折活动,每次一看到这种"30 分钟内再买一件降价 $n\%$"的广告就情不自禁地买了一些并不需要的衣服,到最后根本都不会穿——与其在打折时买一些不穿的衣服,不如只买一些正价但是真正合适的衣服!

用 7 个表格对衣柜做个减法

如何填写表格⑥
这就是 × 级别！"不能买的衣服"清单

（填写案例）

这就是 × 级别！"不能买的衣服"清单
表格⑥

○ 颜色、花纹不合适的衣服

物品名	失败理由
波点花纹连衣裙	波点花纹渐渐地不适合现在的年龄了
星星花纹的针织衫	喜欢的星星花纹渐渐地不适合现在的年龄了
高领毛衣	把脖子周围盖住反倒显得脸很大
棕色针织衫	和晒黑的皮肤颜色不搭调
偏蓝色的粉色针织衫	显得脸色很不好

款式设计失败的衣服

物品名	失败理由
藏青色连衣裙	太过典雅，和自己形象不符
无领短外套	穿起来显老
袋鼠裤	很难和其他衣服搭配起来

把 × 级别的衣服按照颜色花纹、款式设计、穿着舒适度等，根据失败原因写明物品名称和失败的理由。这样一来，我们就可以知道自己在买衣服时什么时候容易失败，总结出购买倾向和应对方案，在下次购物时就可以避免出现同样的问题。

第三章
为衣柜做一个减法

这就是 × 级别！"不能买的衣服"清单

O 颜色、花纹

物品名	失败理由

O 款式设计失败的衣服

物品名	失败理由

○ **穿起来不舒服的衣服**

物品名	失败理由

○ **其他**

物品名	失败理由

第三章
为衣柜做一个减法

处理×级别"不能穿的衣服"

① 卖掉

我们在对×级别的衣服变成"不能穿的衣服"进行充分验证后,就可以处理了。

这些衣服可能穿在自己身上不太合身,但是有的衣服很新或者还能穿一阵子,我们可以把这些衣服卖掉。卖衣服的方式主要有"服装回收店""跳蚤市场""网上跳蚤市场·网上拍卖"等。下面就让我们来寻找适合卖出每件衣服的方法和地点吧。

● 把衣服卖给服装回收店、旧衣店

一些出售旧衣服的店铺会同时开展回收业务。

就连服装回收店也是形形色色的,既有非常时尚的服装专卖店,也有价格低廉、质量参差不齐的店铺。

一般来说,我们都是把衣服拿到店里请店员进行评估、收购。有的店铺也会采取上门评估的方式,还有的店铺可以通过快递收货。如果附近没有类似的店铺,或者很忙没有时间去店里,这些店铺就显得很方便。

通常,我们会在这件衣服适合穿着季节的1～3个月之前拿到店里，这是最好的做法。当然有的店也会在一整年不分时段进行回收。

有时在店铺对衣服进行评估后，却不会回收这件衣服。这是因为根据店铺类型不同，有的店铺不会回收绅士西服、和服、婴儿服等服装，因此最好在拿到店里之前先调查好具体情况。

这类回收店铺提出的回收价格一般都会使人感觉过于便宜。名牌服饰可能定价会高一点，不管怎样，衣服只要穿过一次就变成了旧衣服，其价格就会大大下降。这种定价的差距可能也会为我们今后买衣服提供经验上的借鉴。

※ **一般的服装回收店铺：book·off（收购洋装）**

book.off 收购在日本国内可以成为商品的、干净的洋装，衣服越新、牌子越好的衣服越容易被收购。同时，即使不是名品，只要品质好，稍旧也依旧会被收购。

我们可以直接拿到店里，也可以通知店员上门取衣，将要出售的衣服在家里洗干净就可以。这类店铺不分季节，全年可以接收过季的衣服。不过，具体情况会根据店铺不同而有所变化，如有需求最好提前询问。将衣服拿到店里时最好每件都叠好，如果是鞋子，最好提前擦干净，这样评估价格可能会高一点。

http://www.bookoff.co.jp/sell/fashion

※ **仅收购名品的店铺：ZOZOTOWN 品牌旧衣收购服务**

ZOZOTOWN 可收购指定品牌的服饰。一些在服装市场上比较有

第三章
为衣柜做一个减法

名的牌子,其收购价格一般会比不是品牌的衣服要高。这种店铺对于一些有自己时尚追求的人们来说是很方便的。

部分高端品牌如果没有正规标签有可能导致无法收购。

http://sell.zozo.jp/

● **在跳蚤市场上出售**

在公园、车站前面的广场等处经常会有一些跳蚤市场,我们可以在那里把衣服卖出去。

和上述那些衣服回收店铺不同的是,在跳蚤市场上卖衣服的时候,我们可以自己制定价格。

虽说如此,对于一些熟悉跳蚤市场的顾客来说,他们会大胆地讨价还价,所以想要按照我们制定的价格卖出去可能是一件比较困难的事情。如果想把跳蚤市场当作一个"处理衣服的地点",可以到出摊时间的后半段开始大降价,采取一些措施将自己的东西全部卖光。

跳蚤市场虽然偶尔会在室内举办,但是大多数情况下都在室外,因此销售情况会受到天气情况的影响,而且如果天气很热或者很冷,卖衣服都不是一件轻松的事情——要抱着重重的衣物走动,如果没卖完还要把剩下的衣服带回去。有的时候还需要缴纳店铺摊位的费用(不同的主办方要求的费用不同)。

虽说跳蚤市场在出售商品上有较大的自由度,但同时也具备上述缺点。除了衣服,我们还可以在跳蚤市场上出售一些其他的东西,可以充分感受摆摊卖东西的乐趣,还可以和家里人一起像参加庙会一样愉快地体验这种乐趣。

● **在网上拍卖·在网上跳蚤市场出售**

我们还可以选择在网上进行拍卖或者在网上跳蚤市场出售。这样一来，不仅可以省去我们移动、搬运货品的时间和力气，还有可能赚到比店铺回收还要多的钱。此外，由于是个人之间的交易，也省去了缴纳消费税的麻烦。

因为网上交易不是面对面交易，买方无法直接看到商品，所以卖家和买家偶尔会出现一些小矛盾。在进行网上拍卖的时候，像"我付款了但是没收到商品"这种情况，只要运营一方多多努力是可以大大减少这种情况的发生的，但是还会出现如"照片和实物不一样""假冒品牌"等与买家之间的矛盾。

为了避免这些矛盾冲突的发生，同时也为了我们自身愉快地进行交易，对于一些有疑问的地方需要提前确认到位。当然，对于一些高额交易，需要小心谨慎地处理。

※ **网上拍卖**

一开始上架时的标价会不断上涨，系统会提示上涨的金额，在此期间，在规定时间内给价最高的买家可以拍到这件商品。这个系统服务在网上出现已久，但现在依旧有很多人通过 PC 端来上架商品，比较受男性的欢迎。最近也有很多人使用手机客户端进行出售或者竞拍。卖家和买家可以通过客户端上的信息功能进行沟通，钱款到账后卖家就会发货。比较有代表性的系统有"雅虎拍卖!""模拟拍卖""乐天拍卖"等。

❋ 网上跳蚤市场

与拍卖不同,在网上跳蚤市场销售可以从一开始就定好价格,然后再出货。卖家和买家可以对价格进行沟通。如果使用手机客户端,给商品拍照后可以立刻上架,比较受女性的欢迎。例如,"mercari""乐天 flea market""LINE MALL"等,每个系统都有对应的安卓、苹果版本。

处理衣服的各种方法

第三章
为衣柜做一个减法

②送给别人

卖衣服这件事其实比想象的要复杂、麻烦得多。有的衣服只能以令人惊讶的非常低的价格卖出去。此时，有的人可能会想"就算没有钱但只要别人穿着很开心也不错。比起花费时间和精力去卖衣服，不如把衣服送给认识的人"。这也是一个处理衣服的选项。

但是，请注意，可以选择送别人衣服，但在送别人东西的时候首先要考虑对方是否方便。

我们自己不需要的东西可能对于别人来说也是不需要的。

另外，对于我们自己来说是好的东西，但是对于别人来说未必如此。

如果对方比自己年龄小，或者是自己的部下、自己的晚辈，就更加需要注意，因为对方可能碍于情面难以拒绝。

自己想要送出去的东西是否真的符合对方的需要？会不会成为别人收纳空间的累赘？我们应该在问清楚这些问题后，仔细且慎重地把东西送出去。否则，就有可能变成"把自己扔东西这件麻烦事强加给别人"了。

绝对不能认为："我都是免费给你的了，你就应该听我的。"

如果我们确定了要送的对象，为了能在对方来的时候立刻就能把东西交给人家，最好把衣服放在箱子或者袋子里这种容易拿的地方。如果在上面写好名字则最好不过了。此时，如果能够在穿这件衣服的季节来临之前的一段时间送出去，也不会给对方增添不必要的负担。

③捐出去

如果在自己身边和附近没有能够送衣服的人,但是还想为社会做些贡献,或者不想把衣服扔掉,希望能回收再利用,可以把衣服捐赠给下面这几个收衣服的团体或组织。

根据对方的不同需求,能够捐赠的衣服种类和寄送方式也会发生变化。最好根据对方的需求,用一个负担较小的方法捐赠。

● 志愿者(非营利组织、宗教)团体

在一些志愿者团体中,有很大一部分是为支援亚洲、非洲等地发展中国家和地区的人们而进行服装募捐征集的。

在那些地区,由于战乱、灾害,许多人被迫过着避难的生活,这些团体会把衣服直接派发给这些人,但更多时候募捐的衣服都会在日本国内外进行销售。在日本国内,志愿者团体会在跳蚤市场上出摊,或者在志愿者团体组织举办的义卖会上卖出去。国内卖不出去的衣服会汇总到一起,出口到海外。在这些活动中获得的收益将作为各个志愿者团体组织的活动经费。

如果是给难民捐赠衣物,那就更需要捐一些新的、干净的衣服。目前,服装价格处在一个下降的趋势,如果是旧衣服,就算保存得再完好,也卖不出去。加之处理这些卖不出去的衣服还需要花费一定的成本,这也会为志愿者团体带来一定的负担。所以要捐就要捐"能够出售的、符合标准的、质量好的衣服"。

由于在服装分类、整理、保存、运输等方面会花费大量的时间和

第三章
为衣柜做一个减法

成本,所以我们要遵守志愿者团体所制定的"品种""捐赠方式"等要求。当然,捐赠的邮寄费需要我们自己掏腰包。根据各志愿者团体要求不同,有的团体可能会要求我们支付衣服捐赠到当地的运输费用。

请注意,志愿者团体组织并不是我们处理不需要的东西的地方。因为对方是在替我们做善事,所以我们也需要注意,费点事情也是可以理解的。

❋ **指定非营利活动法人:日本救援衣物中心(JRCC)**

对贫困、灾害、战乱导致的各国难民等进行衣物上的支援。

如果想要捐赠,可以自己拿到该处(仅限神户仓库)、寄送(使用"乐天拍卖"邮寄包裹,快递费可优惠)后,由该组织进行分类,之后运往各地。寄到这里的衣服需要支付运输到当地的相关费用。

http://www.jrcc.co.jp/

❋ **救世军(基督教新教团体)**

救世军会进行日本国内外灾害援助活动、无家可归人员援助活动等。人们把衣服拿过去捐赠之后,该团体通过义卖的方式将其出售,所获利润作为团体活动经费。

http://www.salvationarmy.or.jp/

❋ **WE 21 JAPAN(NPO)**

WE 21 JAPAN(NPO)在世界各地进行各项援助活动。衣服可以自己拿过去或者邮寄，该团体会将这些衣服放到相应的商店进行出售，所获利润作为团体活动经费。

http://www.we21japan.org/

※ NPO 法人 JFSA

NPO 法人 JFSA 在巴基斯坦的贫民区进行学校免费运营援助活动。衣服可以自己拿过去或者邮寄，该团体会将这些衣服在日本国内外进行销售，所获利润作为团体活动经费。

http://www.jfsa.jpn.org/

● 服装企业及相关团体的服装回收

以往的服装企业都只是出售产品，现在这些企业也着手开展衣服的回收、循环使用等相关业务。一般都会要求我们把需要捐赠的衣服拿到店面，但是其他方面对于消费者的负担较轻，比较方便。

※ 优衣库"全体商品循环再利用活动"

该活动仅接受优衣库·GU 产品。在将我们拿到各店铺的衣服进行分类后会根据联合国难民高等事务官事务所的申请，作为援助物品送往非洲、亚洲、中东地区等各国的难民手中。

http://www.uniqlo.com/jp/csr/refugees/recycle/

第三章
为衣柜做一个减法

❋ H&M"旧衣回收服务"

H&M"旧衣回收服务"可回收 H&M 本公司品牌服装及其他的衣服或纤维制品。我们可以将衣服拿到各个店铺,此时各个店铺会发放相应的优惠券。拿到店铺的衣服经过店员分类整理,在日本全国范围内作为旧衣服进行销售,或者重新加工成线、废棉纱头(机器护理所需的布)循环使用。

http://www.hm.com/jp/customer-service/garment-collecting/

* FUKU-FUKU project

很多服装厂家都参与了 FUKU-FUKU project——回收旧衣将其转化成乙醇燃料的计划。我们可以把衣服拿到买衣服的店铺中,如果是在网上捐赠,可以使用回收专用信封把衣服寄过去。有像"Patagonia""makers shirts 镰仓"等日常经营回收业务的企业,同时还有像"无印良品"这种在固定时期进行回收的企业。

http://fukufuku-project.jp/

④扔掉

在我们整理出来的不能穿的那些衣服里,有一部分是我们既不能卖掉,也不能送人,又无法捐赠的衣服。很遗憾,这部分衣服只能扔掉了,就让我们根据各居住区的规定把它们扔掉吧。

垃圾的处理方式会根据各个地区而有所不同。根据居住地区的变化,有的地方把衣服作为"资源垃圾"进行回收,还有利用价值的可以循环利用,也有的地方把这些衣服作为"可燃垃圾"回收后就直接烧掉。不管是哪种情况,回收、处理垃圾需要大量的成本投入,而这部分成本就是靠我们平时缴纳的税来维持的。

在日本昭和时代中期以前,也就是所谓大量消费时代来临之前,一件买回来的衣服会经过很多次修改,不断地穿,直到最后变成抹布为止。如果在扔掉这些衣服的时候感到可惜,可以尝试一下以前的这种方法。比如,把贴身衣物、T恤等棉织品剪裁成抹布大小,在扫除的时候用,用完就扔,也可以达到充分利用的效果。

我们要对衣服充满感恩,将今后买的衣服穿得更长久一点,更加珍惜今后买的衣服。

第三章
为衣柜做一个减法

无法割舍的回忆的珍藏方法

对于即使被分到×级别里面，而且自己也清楚必须要扔的衣服，其中也会有一些无法扔掉。

这些衣服虽然已经无法再继续穿了，但是饱含了与家庭、与伙伴之间的各种回忆，所以没有办法扔掉。

"我第一次约会好像穿的是这件衣服。"

"这里破的地方好像是上次和家人一起去短途旅行时被树枝划破的。"

正是因为有这些不断涌上脑海的回忆，之前才一直没能把这些衣服扔掉。这些衣服里也许还饱含对一些再也见不到的人的思念之情。

虽说如此，但是如果把这些衣服全部放进衣柜，整个衣柜的空间就会变得更加狭小，本来应该收进来的衣服就会受到挤压，变得很难拿出来。因此，不可以把不穿的衣服放进衣柜。

不过，虽然是为了收纳，也不能把那些对自己来说很重要的回忆一并扔掉。

从这个意义上看，这些衣服已经不再是一件单纯的"衣服"了，而是变成了"回忆"，所以不应该把这些衣服放到衣柜，最好放到别的地方好好保存。

比如，把它们叠好放进一个漂亮的盒子里，和相册放在一起。

也可以把它镶进一个相框里，摆放在能够一目了然的地方。

不过，能够使我们这样做的也只是极少的几件衣服。就算衣服上有满满的回忆，也不能最后都留下，一件也不扔。如果一件也不扔，今后的生活空间又会变得狭窄起来，把好不容易收拾得干净整齐的衣柜再次装满。毕竟，仅仅把里面的东西从一个地方平移到另一个地方是没有任何意义的。

为此，需要特殊保存的衣服应该严格甄选，尽量减少其数量。因为只有少量的衣服，我们才能够珍惜，充分沉浸在回忆中。

第四章

挑选真正"所需的服饰"的方法

为衣柜做加法的不是"好看的衣服",而是"我需要的衣服"

好了,到这里我们就做完了衣柜的减法!现在我们手头上没有不要的、多余的东西了。看着整齐干净的衣柜,心情也会随之变好。

可是,我们的工作并不是到此为止了。现在,我们要开始做一道"填空题"。

对于做完减法之后的衣柜来说,究竟"缺少"什么东西呢?

就连之前被塞得满满的衣柜都有"不够的东西",但是,那是因为衣柜里面的衣服过多,我们不知道所谓"不够的东西"究竟是什么。

现在,我们对衣柜做完了减法,对于什么是能穿的衣服、什么是不能穿的衣服也一目了然。

那么,现在我们开始对这些所谓的"我们缺少的东西"做个加法。需要注意的是,我们做加法的对象不是"漂亮的衣服""好看的衣服"或者"想要的衣服"。漂亮与否先放在一边,最重要的是这件衣服是不是真正能满足我们的需求。

这就需要我们在做加法的时候要十分注意、十分慎重。

如果我们做加法的方法出现问题,衣柜马上就会反弹到原来的状态。

和我们减肥成功但是没过多久体重反弹的情况相同,衣柜也会反

第四章
挑选真正"所需的服饰"的方法

弹回原来的状态。

不管我们处理掉了多少衣服,衣柜变得如何整齐,如果我们不改变购买模式,衣柜还是会像以前一样变得乱七八糟,被塞得满满的。

虽然买了衣服,但是先不穿,放在衣柜里……为了防止这种无意义的反复,我们需要改变自身的购买方式和挑选衣服的方法。

不是"看到好看的衣服就冲上去",而是要"在认真思考的基础上购买'所需的衣服'并长期细心地穿下去"。

此外,把这个做法维持下去也是十分重要的。

虽然我们表面上说得很好,但是人们大多喜欢不断追求"新事物",这一点在时尚方面更是十分明显。

虽然"能够穿很长时间"是一件衣服的理想状态,但是所谓时尚就是"新事物"本身,所以二者之间势必会产生矛盾,这是再自然不过的事情,同时也是我们没有办法解决的事情。

"只要买了,不管怎么说我都要一直穿!"

这种略带顽固的想法虽然很值得赞扬,但是总感觉有点不值得。

虽说平时注意着穿、穿很长时间是一个基础的想法,但这个思维不是绝对的,我们也需要偶尔进行一下新旧交替,灵活地、不断地把新鲜事物替换进来。我认为这种模式是最为合适的。

事先了解收纳能力

那么，现在我们就来亲身实践一下什么叫作不反弹的"衣柜的加法"吧。

在此之前，我们首先需要考虑的是自己的收纳能力（容量）究竟有多大。

大家之前有没有考虑过自己对衣服收纳容量的大小呢？

有的人在不知不觉间买了衣服，但是又不能扔掉。其中还有人根据衣服数量的增长，不断扩大收纳空间。

家里明明有一个固定的衣柜，但是收纳空间不够，还要陆陆续续在外面挂上衣架组合、衣物袋等小型收纳工具。这些收纳工具挂在屋子里的各个地方，不仅显得房间很凌乱，而且我们也很难准确掌握自己平时穿的衣服究竟都有哪些、有多少件。最后，看着这些凌乱的场景我们就会变得烦躁，而为了消除这种烦躁的情绪，又会去买衣服……这就变成了一个恶性循环。

这时我们需要弄明白一件事情，那就是对于自己来说，最重要的究竟是让房间更宽敞一点，还是要有更多衣服。

如果是"想要让自己的房间更宽敞一些，不要那么多衣服也可以"，此时就应该尽量减少收纳，尽量让自己只拥有符合自己收纳容量的衣服。

第四章
挑选真正"所需的服饰"的方法

那么反过来,如果想要优先外出享受美美的生活,而房间是次要的,那么衣服数量增加就是理所当然的了。此时我们应该把服装收纳作为第一要务,对房间的布局进行进一步的规划。这样,我们就需要忍受由于收纳空间增多而带来的房间狭小的困扰了。

优先哪一边是大家的自由,当然也可以注重调整两方面的平衡,但是在此之前最为重要的是确认自己的立场究竟在哪边。

为此,我们首先需要准确了解自己放衣服空出来的空间大小及其收纳能力。在此基础上,最好先预测一下自己的性格及自己的一些冲动行为。

"短上衣外套能挂几件?套衫能挂几件?"

"叠好的毛衣能放几件进去?T恤能放几件?"

像上面这样,最好能对收纳能力有大致的把控。

把衣服卷成筒状码好放进抽屉里,这样虽然能放很多件,但这是一种很难坚持下去的收纳方法。如果我们没有养成这样的收纳习惯,在估算收纳能力的时候,最好还是少估计一点为好。

对于不擅长用熨斗的人来说,为了不让衣服挤在一起产生褶皱,在估计衣架数量的时候可以少估算一点,但如果习惯在出门之前用熨斗熨衣服,最好以多放衣服为前提,多挂一些衣架让衣服挤满一点。

总而言之,我们最好在考虑自己有哪些"习惯"的基础上来考虑自己房间的收纳空间大小。

衣柜的收纳容量与适合自己的收纳方法

短上衣外套要放 n 件，短裙放 m 件。

1. 首先要了解衣柜的收纳能力。

2. 根据自己的性格、习惯调整收纳衣服数量。

○ 例1

如果不喜欢熨衣服，为防止衣服挤在一起产生褶皱，可以减少衣架数量，增加衣服和衣服之间的空间。

○ 例2

如果没有把洋装叠好收起来的习惯，可以用书立来分区，这样会显得更加整齐。

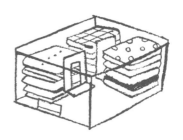

第四章
挑选真正"所需的服饰"的方法

制作"所需的服饰"列表

接下来,为了对做完减法的衣柜重新做加法,我们需要划分出哪些是我们"所需的服饰"。

首先,翻开第 56～57 页的"理想的穿衣搭配"、第 78～81 页的"〇级别'能穿的衣服'清单"。

在"理想的穿衣搭配"一表中,我们总结了与自己活动范围适合的"所需的衣服"的各种组合搭配,但这只不过是一种"理想中的状态",而且里面可能还会包括一些我们没有的衣物配饰。这些衣服配饰就可以成为我们在对做完减法的衣柜重新做加法时应该补充进去的"所需的衣服"的备选。

此外,"〇级别'能穿的衣服'清单"中对于现在拥有的衣服中我们实际"所需的衣服"究竟有多少、有哪些,都可以一目了然。

那么,我们现在就把"理想的穿衣搭配"中习惯的穿搭,与充分运用"〇级别'能穿的衣服'清单"中的衣服能够进行哪些搭配进行对照模拟。

为了完成"理想的穿衣搭配",我们究竟缺少哪些衣服就显而易见了,而这些衣服也会成为我们需要补充的"所需的服饰"。

当我们知道哪些属于应该补充进衣柜的"所需的服饰"之后,就把这些填进第 110～113 页的"今后应补充的'所需的服饰'表格"中。

在填写时需要注意,不可以根据自己的感觉列出"我想要的衣服",而是要根据自己的生活方式究竟需要哪些"必需的衣服"来确定,在此基础上填写表格。

对于每件衣服都需要从"颜色、材料、款式设计"等方面进行细致的思考。

如果在填表的时候想到想要的牌子、购买店铺、预算等信息,也可以填进去。在购买之前,有关"所需的服饰"的信息越具体越好。

第四章

挑选真正"所需的服饰"的方法

用7个表格对衣柜做个减法

表格⑦的填写方法
今后应补充的"所需的服饰"表格

填写案例

今后应补充的"所需的服饰"表格
表格⑦

○ 上衣

名称	款式设计、材料等特征
白色针织衫	穿在短外套里面搭配
白色套衫	胸前有飘带
白衬衣	方形领、不易起皱的材质
藏青色针织衫	穿在短外套里面搭配
黑色套衫	素色，有一些优雅风的设计
印花衬衣	不会过于随便，看上去很随性的设计

把"理想的穿衣搭配"中，"目前没有但是需要的衣服"中的一部分衣服，参考记录在"○级别'能穿的衣服'清单"里面现有的衣服，进行组合，总结一下能够彰显个性的衣服。也可以以"我的'时尚基准'"为参考，想一些新的"所需的服饰"出来。写在这张表里面的都是下次买衣服时的一些参考。

今后应补充的"所需的服饰"表格
表格⑦

O 上衣

名称	款式设计、材料等特征

第四章
挑选真正"所需的服饰"的方法

○ 下装

名称	款式设计、材料等特征

○ 大衣・短外套

名称	款式设计、材料等特征

○ 西装・礼服

名称	款式设计、材料等特征

第四章
挑选真正"所需的服饰"的方法

○ 鞋·包

名称	款式设计、材料等特征

○ 饰品

名称	款式设计、材料等特征

了解适合自己的颜色和衣服尺码

在买衣服之前,我们需要确认自己"适合什么颜色",以及自己所穿衣服的"正确尺码"。在第85～86页中"这就是X级别!'不能买的衣服'清单"中,如果写了很多与"颜色""穿着舒适度"相关信息的人就特别需要注意,最好事前仔细确认"什么颜色适合自己",以及所穿衣服的"正确尺码"信息。

有很多人看到衣服是自己喜欢的颜色就会买下来,但是大家有没有想过,我们喜欢的颜色是不是真正"适合自己"的?

根据某些色彩专家的研究显示,有很多女性觉得"自己很适合黑色",但是实际上很少有人穿黑色很合适,穿黑色衣服显得皮肤很好的人少之又少。

此外,研究还显示,穿适合自己颜色的衣服最大的一个优点在于"显得皮肤很好"。如果"皮肤看起来很好",那么我们有魅力的地方就会被突出;相反,一些想要隐藏的地方也就不那么引人注目了,有的时候还会显得眼睛更大、脸更小、看起来更瘦。

虽说穿适合自己颜色的衣服带来的优势很多,但是对于一些经常选择衣服颜色失败的人来说,或许应该请专家来鉴定一下自己究竟适合什么颜色。

第四章
挑选真正"所需的服饰"的方法

就算不找专家,我们也可以和朋友们互相讨论这件衣服是否适合彼此。总之,来自他人的客观性意见是十分重要的。

同一种颜色也会有色调的区别。例如,蓝色就会有"适合自己的蓝色"和"不适合自己的蓝色"之分,因此在挑选时需要格外注意。

此外,还有一种帮助我们找到适合自己颜色的方法,那就是"四季色彩理论"。我们可以根据自己的肤色、发色、瞳孔颜色等分成"春天型""夏天型""秋天型""冬天型"4种类型,按照这4种类型去寻找适合自己的颜色。关于这种方法的介绍请参考本书第117~118页。

说到衣服的尺寸,勉强自己穿过瘦的衣服或者穿过肥的衣服来强行遮盖自己的体型,都不会让自己看起来很美。就算是宽松款式的衣服,实际上也是符合穿衣人尺寸的效果最好。哪怕稍微丰满的体型,大大方方地穿适合自己的衣服展示自己的腰线,有的时候看起来反倒显得苗条。

定做的衣服当然是最合身的,但是现在很少有这样的衣服,所以我们首先要做的就是正确测量自己的衣服尺码,然后购买和这个尺码最接近的衣服。

需要测量的部位主要就是三围,为了使数据更加精准,我们可以请其他人来帮忙。具体的测量方法请参照第119页。

此外,如果经常出现袖子长度不合适的情况,那么最好测量一下自己袖子的长度,伸直手臂,从肩膀到能够遮住手腕关节为止。

以日本尺码为例,所谓的"9号"或者"11号"中的"9"和"11"都是按照胸围来划分的。

此外,日本尺码中,身高会按照"PP(142cm)""P(150cm)"

"R（158cm）""T（166cm）"来划分，根据每一档的身高有的还标记出相应的体型，例如"A体型（平均体型）""Y体型（比A体型臀围小4cm）""AB体型（比A体型臀围大4cm）""B体型（比A体型臀围大8cm）"。

如果在表示尺码的标签上写着"9AR"字样，"9"表示的是9号——胸围83cm，"A"就是A体型——臀围是平均体型的91cm，"R"就是身高158cm。具体这些号码、身高划分、体型等信息请参考第120页。

衣服的尺码都是根据身体的高矮胖瘦来表示的，裤子的长度（裤长）也是按照衣服的尺码来表示的，所以为了今后买裤子方便，可以先测量一下现有裤子的裤长作为参考。此外，最好事先测量裤腿（大腿最粗的地方）的宽度作为参考，这样购买的时候就会方便许多。

如果我们购买海外进口的衣服，或者在海外购物网站上买衣服，首先要确认好海外的衣服尺码和本国的尺码之间的对应关系，具体请参考第120页的海外尺码对应表。

我们每个人都不可能完完全全符合所谓的9号、11号这种固定的尺码，所以经常会出现腰围合适但是臀围不合适，或者肩宽合适但是胸围不合适等情况。

这时，如果我们知道自己的正确尺码，可以和店里的人商量，请他们把衣服改成适合自己的尺寸，或者拿到改衣店按照自己的尺码进行修改，让自己穿更合适的衣服，看起来更美丽。

第四章
挑选真正"所需的服饰"的方法

从下面 4 个类型中选出最接近自己的类型
寻找适合自己的颜色
四季色彩理论

○ 春天型

肤色：米黄色、亮白色、明亮的褚色

发色：有光泽的发色，明亮的茶色、柔和的棕色

瞳孔颜色：明亮的茶色、瞳孔清澈明亮

○ 夏天型

肤色：偏白、粉白色、偏粉褚色系的白色

发色：感觉蓬松的颜色，接近黑色的亮茶色、柔和的黑色

瞳孔颜色：柔和的黑色

适合的颜色 & 衣服穿法

春天类型的人适合亮橙色等颜色，可以打扮出一种可爱、活泼的形象。推荐的基础颜色有棕色、焦糖色、象牙白等。

适合的颜色 & 衣服穿法

夏天类型的人比较适合玫瑰粉及薰衣草色，可以营造一种优雅的气质。推荐的基础颜色有灰白色、海军蓝、灰蓝色等。

○ 秋天型

肤色：金驼色、赭色系、偏黑
发色：看起来深沉的颜色，带点绿色
　　　的茶色、暗茶色、黑色
瞳孔颜色：偏绿的茶色、焦茶色

○ 冬天型

肤色：粉赭色、普通到偏黑
发色：黑、全黑
瞳孔颜色：黑色，给人印象深刻的眼睛

适合的颜色 & 衣服穿法

秋天类型的人比较适合稳重的棕色、卡其色、橄榄绿，可以构思一种时髦的搭配。推荐的基础颜色有浅驼色、棕色、苔绿色。

适合的颜色 & 衣服穿法

冬天类型的人比较适合冷酷且活泼的酒红色、宝蓝色，给人一种干净利落的印象。推荐的基础颜色有白色、黑色、灰色等深色。

第四章
挑选真正"所需的服饰"的方法

测量身体、衣服的部位 & 测量方法

裤腿宽
可以先测量现有裤子的裤腿宽（大腿最粗的地方）作为参考，这样在购买的时候会很方便。

胸围
穿着内衣的情况下测最大胸围，使用测量尺水平测量。

腰围
测量上身躯体最细的地方。不一定都要从水平方向测量。

臀围
测量臀部最大臀围，以臀部最为突出的位置为顶点水平测量。

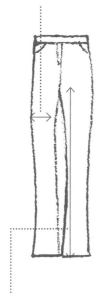

裤长
裤长也是按照衣服尺码的大小来表示的，可以先测量一下现有裤子的裤长作为参考。

怎么看衣服的大小

○ 如何看一件衣服的尺码

9 A R
↓ ↓ ↓
任意记号　体型　身高

※成年女性衣服尺码（JIS标准）

○ 任意记号

※根据胸围决定

3 号	74cm
5 号	77cm
7 号	80cm
9 号	83cm
11 号	86cm
13 号	89cm
15 号	92cm
17 号	96cm
19 号	100cm
21 号	104cm
23 号	108cm
25 号	112cm
27 号	116cm
29 号	120cm
31 号	124cm

○ 体型记号

A	身高与胸围组合关系中出现频率最高的臀围尺寸，是平均体型
Y	比 A 体型臀围小 4cm
AB	比 A 体型臀围大 4cm
B	比 A 体型臀围大 8cm

※所谓的"9号尺码"就是身高 158cm、胸围 83cm、臀围 91cm

○ 身高记号

PP	142cm
P	150cm
R	158cm
T	166cm

○ T 恤等服装的尺码

S	胸围 72cm ~ 80cm
M	胸围 79cm ~ 87cm
L	胸围 86cm ~ 94cm
LL	胸围 93cm ~ 101cm
3L	胸围 100cm ~ 108cm

○ 与海外尺寸的对应表

日本	5	7	9	11	13	15	17	19	21
	SS XS	S	M	L	LL XL	LL XXL 3L	4L	5L	6L
		36	38	40	42				
国际		XS	S	M	L	XL	XXL		
英国		8	10	12	14	16	18	20	
美国		32	34	36	38	40	42	44	
法国		36	38	40	42	44	46	48	
西班牙		30	32	34	36	38	40		
意大利		40	42	44	46	48	50		

第四章
挑选真正"所需的服饰"的方法

在店铺灵活挑选衣服的窍门

到目前为止,我们保证了足够的收纳空间,把"所需的衣服"列了清单,也确认好了颜色和尺寸,下一步就要开始购买了!

那么,我们在哪里买衣服呢?商场?专卖店?百货商店?还是电视上的购物节目?

无论在哪里买衣服,都不想在做过减法的衣柜里堆一些购买失败的衣服了。

为此,我们今后要尽量减少"一见钟情式的冲动购买"。

为了减少诸如"我需要〇〇,然后去买了,结果买了××……"的情况,我们应该贯彻执行"一次性购物"的方法。

毕竟,我们也不能总去买东西。

这时,不管我们多么喜欢这件衣服,都要先离开那里,尽量把它和其他衣服进行对比研究,过一段时间再去看一下那件衣服。

如果这时你还是觉得和刚才一样好,而且符合目标衣服的条件,再去试穿。如果不是做到这种地步,我们还是会重蹈覆辙。

当然,针织衫除外,我们在买衣服的时候都必须要试穿。

有的店铺会限制一次性能拿进试衣间的衣服数量,但是只要觉得还不错,就不断去试一下。试穿的目的并不局限于检查"是否能够穿进去"。

我们可以在试穿的时候尝试着做一些日常生活中的动作，例如：

- 举起手臂、挥舞手臂
- 反复蹲起
- 弯腰

走出试衣间在店里走一走，看看效果。

如果这时我们感觉活动起来很费劲，衣服上出现奇怪的褶皱、痕迹，或者有的地方太紧，就要意识到长时间穿这件衣服有可能导致身体疲劳、衣服受损等情况发生。如果动作大一点就能看到内衣也是一件尴尬的事情。

我们在试穿的时候不能仅仅停留在"穿上然后只看正面效果"这种情况，要尽量走出试衣间，在稍微远一点的地方照镜子，同时也要看一下背影效果。如果穿来的鞋和试穿的衣服不太搭配，可以向店里借一双鞋看一下整体效果。

同时，活用店员的经验也是十分重要的一点。

有的人可能不太喜欢一些店员跟着自己或跟自己搭话。实际上，不去运用这些店员们所拥有的丰富的商品知识是一件十分可惜的事情。因此，我们不要躲避这些店员，可以抱着了解这件衣服的心情，从以下几个方面不断地提问（因为也没有成文规定问了问题就一定要买下来）：

①我们想要的尺寸、颜色品种的情况（有的不摆在店面，而是放

第四章
挑选真正"所需的服饰"的方法

在仓库里)。

②是否有与我们喜欢的衣服类似的商品。

③材质和护理及保存方法。

④和我们喜欢的衣服能够搭配在一起的其他衣服。

如果是一个相关知识储备丰富的店员,应该可以准确地回答我们的这些问题,有可能还会拿出一些没有摆在店面的珍藏商品。对我们来说,这些时下流行的元素及顾客的购买倾向等相关内容都会成为我们决定购买时的参考信息。就算不在这家店买,这些信息也会为我们在其他店购物提供参考。

同时,需要注意的是,在询问店员的时候最好语气客气、温和,注意不要让指甲划伤衣服或者把妆面弄到店里的衣服上。

如果不买,也要说:"今天再转转别的地方,会再过来,谢谢。"不要成为一个让人讨厌的客人。如果这家店的店员服务态度好,肯定还会有机会再过来买的。

最近摆放大量商品的店铺与日剧增,与店铺面积成反比的是,店员的数量很少,客人可以自己利用数量众多的试衣间更加自由地挑选、试穿、购买。这些店铺的衣服一般价格比较便宜,受众也以年轻人、家庭主妇为主。

虽然省去了被店员"纠缠"的困扰,但却很容易出现因为并未询问店员就直接购买,而买来的衣服不合适的情况。

因此,只要我们觉得有疑问,不要嫌麻烦,一定要去问清楚。如果在那一层没有店员,我们可以到收银台去问,这时并不需要费力去排结账的队伍。

无论是什么样的店，如果只有一些只会拍顾客马屁、一味让顾客购买东西的店员，那么这样的店还是早点远离比较好。

第四章
挑选真正"所需的服饰"的方法

选衣服的时候要看这里

我们在买食品的时候,除了注意外表以外,还会注意如"使用什么原料制成""产地是哪里""保质期是多久"等与食品质量安全相关的信息。食品是要被吃进肚子里的,稍有疏忽很有可能对我们的健康和生命财产带来危险。

那么,我们在买衣服的时候,除了注意款式、颜色等"是否适合自己"之外,有没有关注过材料、缝制、流行元素等品质方面的问题呢?

衣服在作为一种时尚"信息"之前,只是用来保护身体的"物品"。现在的衣服过度偏重于表面,反倒忘却物品的内涵。因此,就会出现不在意品质好坏也要去买的情况。

在一些装饰华丽的店铺里,我们往往会被款式设计(信息)吸引眼球,而忽视其本身的质量。但是反过来说,一件衣服能否穿得长久的根本就在于品质的好坏。

如今我们不会见到品质过于粗糙恶劣的商品,不管这件衣服价格多么便宜,都会做得很好看,在表面上保证一定的质量。

如果我们仔细去看,就会发现各种各样的问题,特别是一些买起来很容易的"快时尚"品牌的衣服:

- 面料拼接不整齐，也不美观，可能是放错花纹了。
- 纽扣钉得很松，洗几次或者穿几次就掉了，很容易丢。
- 线头处理得不好，有可能开线。
- 两端窝边反了，穿着不舒服，穿着穿着整件衣服就垮掉了。
- 针脚很粗，有的会对衣服布料本身造成很大的负担，容易损坏。
- 应该斜着裁断的地方没有用这种剪裁方法，布料被拉伸或者松松垮垮。
- 从正面看上去针脚很明显，布料和缝纫方式没有契合到一起，对布料本身造成了伤害，从拼接处破了。
- 从背后看，左右不协调，在缝纫阶段衣服就已经垮掉了。

除上述原因之外，还有可能出现直接省略"防缩加工（防止布料缩水进行的加工处理）"这个步骤直接进行剪裁、缝制的情况，因此在洗衣服的时候出现缩水；或者用某种化学药品使布料表面很光滑，但是一洗就发现手感完全不同于购买的时候，还有一些在购买时完全不知道、无法发现的问题。

一些衣服摆在店铺里面出售的时候看起来很好，洗了几次后就突然缩水，或者长时间穿着之后感觉很累，然后渐渐地就不想穿了。这是因为这些衣服有前面所述的那些问题，而这些问题在我们购买的时候没有人告诉我们。

而那些真正能穿很长时间的衣服一定不会偷工减料。无论是缝制、染色，还是裁剪之前的防缩水处理、布料的取用方法，里面都饱含基于大量制作经验的知识，以及我们看不到的复杂程序，而这些步骤都是需要一定的时间的，同时也需要成本。对那些便宜的衣服做出这么

第四章
挑选真正"所需的服饰"的方法

高的要求可能是一件困难的事情。

因此,我们在买衣服的时候,就需要基于这件衣服的出售情况,尽可能看透其品质高低,预想这件衣服买回去之后会变成什么样子。比如,这件衣服是不是经得起反复穿、反复洗,这件衣服大概能穿几年,是否具有与其价格相匹配的耐穿性。我认为最好不要把金钱浪费在那些穿几次就不能再穿的衣服上。

能够看穿衣服品质的 8 个重点!

1

布料缝合的接缝没有对齐（如两块缝在一起的布料花纹没有对齐）

3

没有处理好线头

2

纽扣很松

4

两端的窝边方向相反

第四章
挑选真正"所需的服饰"的方法

5
针脚很粗

7
从正面看针脚很显眼

8
从背后（背后的缝制接缝）看发现左右不对称

6
应该斜着裁断的地方没有用这种剪裁方法

在网上或者电视购物节目上买衣服

以前一些只能在实体店才能买到的品牌,现在也能在网上很方便地买到。就算喜欢的店铺没有开在自己家附近,在网上也可以很容易地买到相应品牌的服装,住在国外也可以很容易地买到自己想要的衣服。

同时,通过电视购物节目买衣服也变得火热起来。模特可以在节目中展示实际穿上身的效果,而且节目中也会请设计师、制作人对衣服进行充分说明,会为观众展示衣服里面的面料和针脚,这种待遇只有在电视购物节目中才会有。商家在流通阶段不花费成本,同时消费者可以用比较便宜的价格买到高质量的衣服,所以电视购物现在很有人气。

网络购物和电视购物都是只要单击一下、打个电话就可以购买,支付方式也是刷卡即可,足不出户就可以买到衣服。但是,方便的背后,也会让人不经意地买多,失败的概率也会大大提高。

虽说在网上、电视节目中会仔细展示商品细节,但我们也不能实际看到实物好不好、摸到衣服的布料舒不舒服。

有时画面上的衣服和实物会产生色差,拿到实物时也有可能会感受到布料和之前设想的不太一样,或者衣服本身很好,但是穿上之后

第四章
挑选真正"所需的服饰"的方法

发现不合身。

对于网络购物、电视购物来说,拿到商品的那一刻就是试穿时间。如果在这个时候我们发现"不合适""和之前设想的不一样",不要嫌麻烦,应该立刻开始办理退货手续。有很多人就是因为嫌退货麻烦,就直接把衣服堆在衣柜里了。

因为考虑到事后有可能退货,所以在打开包装、试穿的时候都应该仔细。如果退货,最好以我们拿到手中时的状态寄送回去。在退货时需要自己负担邮费的时候,可以这样安慰自己:"我没有买我不需要的衣服。"

在擅长网络购物、电视购物的人中,很多都是在实体店也会买很多衣服的时尚先驱,或者是对衣服有很充分了解的人。因为她们看过大量的实物,有很多购买经验,对于屏幕上的商品实际是一个什么样的情况已经有了一个较为准确的预估。

如何考虑花费在服装上的预算问题

买衣服虽然是一件令人愉快的事情,但我们对于想要的东西也不能毫无节制地买个不停,还需要考虑预算的问题。

当然,有一部分人平时会认真记录自己的每一笔开销,预估一年的衣着费用,有计划地购买。除了这种情况,大部分人都是看到好看的衣服却不怎么考虑预算够不够就直接购买。就算衣柜变得再怎么充实,这样也很难维持一个家庭健康的经济活动。

那么,可以花费在买衣服上的金额究竟多少才比较合适呢?

根据《家庭消费目的最终消费支出结构》(2014年,内阁府)的调查结果显示,2人以上的家庭每个月的支出金额中"衣服和鞋"所占的比例为4.1%。

这个数字只是统计数据中的一个平均值,但是我们可以把这个比例放到我们的家庭消费支出中(保险、税、存款以外的支出)来作为参考。

假设一家四口一个月的消费支出金额为30万日元,那么相应的衣着费用就是12 300日元,一年就是147 600日元。其中包括内衣、袜子、制服等的支出,这样算下来这个金额看起来可能比较少,但是为了保证家庭开展健康的经济活动,制订购买衣服的计划可以以这个

第四章
挑选真正"所需的服饰"的方法

数字为参照。

根据各个家庭的情况、个人情况及对于衣服的观念的不同,可能有的家庭会为了买好衣服而控制其他方面的支出。可是这样一来,衣着费用也会随之变高,可能并不能把"所需的衣服"全部买齐。

这时,我们需要按照需求划分一个优先顺序,优先购买需求程度高的衣服,合理制订计划,控制好预算安排,或者重新制订现有的方案等。

定制衣服

各大设计师和造型师都会说的一句话就是:"最美的衣服一定是尺码最合身的衣服。"

无论我们的体型偏丰满还是偏瘦,只要是按照本人体型量身定做的衣服,都不会是硬要遮住体型,而是会巧妙地掩盖住我们的缺点。

前面提到的9号、11号等尺码都是根据大致的平均值计算出来的,而在实际生活中,没有一个人是完全符合成品服装的尺码标准的。也就是说,只要我们穿的是成品服饰,那么我们就不可能穿上完全合身的衣服。

虽然我们也可以在成品服饰的基础上稍作改动,但如果是定制服装,就完全是按照本人的尺寸来制作的。事实上,日本昭和时代前期,也就是成品服装普及化之前,衣服基本上都是定制服装。

以前,在每个街区不仅会有定制绅士西装的店铺,还会有女士服装定制的店面,就连普通女性中,也有一部分人有自己制作洋装的技术。

当时,如果不去专门定制衣服的店铺做衣服,也可以拜托周围有这种技术的朋友,根据自己的喜好做出自己想要的衣服,这种情况在当时其实是很普遍的。

但是由于现在成品服饰大量普及,女性定制服饰需求大量减少,

第四章
挑选真正"所需的服饰"的方法

且街边已经很少能看到定制洋装的店铺了。现在，如果女性想要定制衣服，除了到为数不多的高级洋装店之外，一般还可以在一些绅士服装或者西装专卖店定制西装、上衣外套。

这些高级洋装店数量少，很多店铺定制衣服的费用还很高，虽然可以在绅士服装及西装专卖店定制中性风的衣服，但却无法定制如女式套衫、连衣裙等女性常穿的服饰。

如果肯在网上下功夫寻找，虽然为数不多，部分店铺还是可以以适当的价格定做服装的。当然，还有一种办法，就是找会做衣服的朋友商量。

定制的服装不仅布料、纽扣等细节的设计都可以按照我们的意愿去制作，而且衣服完全符合自己的尺码，自然而然我们就会想经常穿，所以偶尔去试着定制一次也是一个不错的选择。

不花费金钱、时间、空间就能享受时尚的方法

获得衣服还有一种方法,那就是别人"送给"我们。

去朋友家或者亲戚家做客的时候,对方有时会把她们不需要的衣服送给我们,这并不是什么稀奇的事情。对于收到衣服的人来说,既获得了衣服,又不需要花费金钱,非常幸运。

但是,在这种不需要花钱就能获得衣服的时候,我们需要注意"不能不加甄别地什么都收下"。

想到这件衣服是免费得到的,让它进入"家门"的门槛就会不自觉地降低。

"虽然感觉哪里不太满意,但是既然这是人家免费给我的,那就这样吧!"

如果连续收到几件上述情况的衣服,那么好不容易做完减法的衣柜又会回到从前。其实,没有比免费更贵的东西了。

即使是免费的,我们实际能够收下的也只限于那些真正"所需的衣服"而已。当然,这些既可以免费得到,又是真正"所需的衣服"本来数量就不多。

如果不是"所需的衣服",那么我们就不应该收下。此外,在和对方相处的关系中,如果我们处在一个不得不收下的状态,我们应该

第四章
挑选真正"所需的服饰"的方法

抱着"替对方处理掉这件衣服"的心情收下。

因为就算是免费得到的衣服,如果衣服本身完好无损,直接扔掉对于我们来说心理上又很过意不去。正因为这种心理上的过意不去,对方也没能扔掉,才会把这件衣服送给你。

所谓"还能穿"指的是"衣服的状态",而"不想要了"指的是这件"衣服的必要性"。在这里请大家回想一下之前的内容,只要是没有必要的衣服,无论它是否还能穿,它都是浪费时间、地点、金钱的"不良库存"。这样一看,收下别人给的衣服也不是一件容易的事情。

获得衣服并不一定意味着要"增加"数量,根据不同的处理方法,甚至可以做到在"不增加"数量的前提下获得,甚至是穿着。

其中一种情况就是用现在我们手里有的衣服同别人的衣服进行"交换"。几个朋友聚在一起,开一场交换衣服的派对也是一个不错的选择,但是这种形式存在一个问题,那就是范围太窄,我们有可能碰不到我们想要的衣服。这时,我们可以通过 SNS 等方式广泛招募同好,举办交换会,或者参加网上举办的交换会等交流活动。

另一种情况就是新形式的服装租赁服务,最近各大企业都在纷纷进驻各种分享平台,即所谓"时尚分享"。

以往的服装租赁都是租用一些平时没有什么机会穿的高档服装,如参加婚礼等重要场合的盛装等,与之相比,现在所谓的"时尚分享"则可以用较低的价格租赁一些日常穿的衣服,其中具有代表性的是"云衣柜""循环衣柜"等。

这些服务对于在工作等场合需要很多衣服的人、想尝试各种衣服的人，以及没有很多衣服但是想要享受时尚乐趣的人来说，还是非常值得一试的。

第五章

和自己喜欢的衣服携手前进

爱惜地穿自己喜欢的衣服

在一些日本文学作品中，经常会描写一种作为贫困象征的情景，即"跑当铺"。登场人物会因为生计困难，把家里的财产、生活用具等典当用来贴补当下的家用，如"和服""洋装（男士西装、大衣等）"等衣服都是很典型的抵押品。但是我们现在的衣柜里能够成为抵押品的衣服究竟能有多少呢？

与衣服属于贵重品的战争时代不同，现在是衣服过剩的时代。只要我们想买，便宜的衣服可以想买多少就买多少，就算这些衣服染上污渍或者破损了，与其去保养护理、修修补补，不如直接扔掉去买新的，这样更划算。我们现在正生活在这样一个时代。

那么，这种现象是否意味着我们的生活变得富裕起了来呢？

我曾经有幸询问过一些出生于1900年左右的女性有关她们以前穿过的和服的问题。她们说，婚礼时穿的衣服是黑色的振袖和服，孩子出生之后就把袖子剪掉改成了短袖和服。

她们在嫁人的时候为了以后能够在婆家不用再做和服，会把这一辈子需要穿的和服都带过去放在柜子里。

在那个时代，和服是需要人们细心爱护的衣服。如果褪色了就反过来，把里面重新染色；如果破了就缝缝补补，衲厚布块（绣上几何图案来增强布料强度的方法）来增强衣服质量，直到终于不能再穿了，

第五章
和自己喜欢的衣服携手前进

就把它的针脚松掉，往里面塞上棉花，做成棉睡衣，或者做成孩子的尿不湿、抹布、掸子，直到最后再也找不到原来的痕迹。

据说在日本东北地区流传着这样一句俗语："能裹住三颗小豆的布都不要扔。"

在古代，布作为一种贵重、高价的物品，甚至可以用来缴税，所以能够有上面这样的俗语流传下来也不足为奇。

据说，现在日本每年都会有100万吨的衣服成为废品，而相应的衣服回收重复利用率仅为20%左右，其他的80%都要进行焚烧、填埋处理。因为现在的衣服材料是高度复合化的，而且其设计性较高，所以难以重复利用，相应的，重复利用的比例也很难提高。

从环保的角度来看，衣服绝不是直接扔了就好的东西。

棉在世界纺织工业市场份额中的占比达到40%。同时，棉虽然穿着舒适且是可以低价买到的材料，但是原材料棉花却由于抗虫害能力较弱需要大量农药保护，这些农药对土地造成了巨大的负担。而羊毛、丝绸也需要进行羊、蚕的养殖，养殖期间也会使用各种各样的药物，同样会对生物造成负荷，大量生产还会产生其他问题。

无论是天然纤维还是化学纤维，在制造纤维、染色的过程中会使用大量化学药品，给环境带来一定的负担。如果我们把这些纤维制成的衣服随意丢弃，也就相当于浪费了地球上的宝贵资源。为了我们的子孙后代依旧能享受时尚的乐趣，继续穿舒适的衣服，我们现在就需要改变以往的行为模式。

改掉低价大量买入衣服，不断消费随后丢弃的这种行为模式，爱惜着穿我们喜欢的衣服。直到自己不能继续穿了，也应该尽量让这些衣服走上二次流通、重复利用的轨道。同时，我们还应该积极地活用这些可以循环利用的衣服。因此，我们应该选择那些能够延长衣服寿命的行为模式。

第五章
和自己喜欢的衣服携手前进

让衣服寿命持久的小窍门

为了爱惜我们喜欢的衣服并能够一直穿下去,我们需要了解一些有关服装保养的知识。特别是对一些想保持衣服数量不多但是能长期穿下去的人们来说,服装保养是必不可少的知识。下面让我们来学习一下这些保养衣服的小窍门,精心呵护我们的衣服,延长衣服的使用寿命,舒适地穿我们喜欢的衣服。

● **穿衣服前**

事先给毛衣、上衣外套等衣服的领子、袖口处喷上防水喷雾,可以防止污渍沾到上面。在穿着大衣、上衣外套的时候,如果在领子下面配上一条丝巾,不仅会显得整个人时尚品位很棒,而且可以起到防止沾上污渍的效果。

在穿一些需要化完妆再穿的衣服(诸如一些没有开襟的套衫、毛衣)时,可以先在脸上盖一条旧的丝巾或者手绢,注意不要把粉底蹭到领子周围,脱的时候也是一样的。

● **外出时**

衣服上蹭上污渍的时候,可以随身携带便携式去污剂作为应急处理工具。此外,湿巾也很方便。蹭上污渍的时候,先在衣服下面铺上一张纸巾,再用湿巾从上面拍打衣服,也可以用公共卫生间里面的肥皂处理,效果可能会更好。

● 回家后

养成这样一个习惯:在脱下大衣、上衣外套后,用衣物清扫刷把衣服上面沾的灰尘扫掉。这样可以保持衣服的卫生,也可以减少由于虫蛀导致的破坏。清扫刷推荐使用柔软的猪鬃刷。

大衣、上衣外套要等到我们穿过后残留的体温变冷后再挂到柜子里面,这样可以防止湿气随着衣服进入衣柜,防止发霉和异味。为此,我们需要在房间里空出一个临时挂衣服的地方,可以利用衣柜门或者房间门后的空间,粘一个粘钩会比较方便。

对于一些平时不能频繁洗涤的丝绸、人造丝材质的套衫,我们可以利用先浸湿后拧干的布从里面裹住一些容易出汗的地方去除汗渍,对于浅颜色、质地薄的衬衣领子和袖子,也可以采取同样的方法去除汗渍。

● 做家务时

最好不要穿着外出的衣服在家里做家务。最近有很多人都不穿围裙做家务,尤其是在做饭的时候,这是最容易沾染油渍的。我们在穿一些介于外出服装和家居服之间的衣服时也要注意一定要穿上围裙,以防油渍溅到衣服上。

第五章
和自己喜欢的衣服携手前进

让衣服长寿的几个窍门

用衣服清扫刷清扫大衣或上衣外套

5

在衣服领子、袖口处喷上防水喷雾

1

等大衣上面残留的体温变冷再挂进衣柜

6

在穿不是开襟的衣服时，用毛巾护住脸

2

用过水拧干的布从衣服里面拍打除汗渍

7

作为应急，随身携带便携式去污剂

3

做饭的时候一定要穿围裙

8

没有去污剂的时候用湿巾进行紧急处理

4

洗衣服的小窍门

我们在每天洗衣服的时候用一些小窍门,也可以使我们的衣服使用寿命更长。

在洗衣服的时候,一定要遵循每件衣服上面标记的衣服材料及洗衣要求来清洗,主要的一些标记和代表的含义请参考下一页的讲解。

● 手洗

像丝绸这种质地细腻的衣服、带蕾丝装饰的比较脆弱的衣服、有可能掉色的衣服、编织物等都需要与其他衣服分开单独手洗。此时,如果用一个小盆可能会更方便一点。

对于一些特别脏的棉质衣服或者部分沾上污渍的衣服,准备一个搓衣板也会方便许多。

● 颜色很深的衣服

我们在洗衣服的时候,应该把颜色很深、容易掉色的衣服和其他衣服分开洗涤。为了防止衣服掉色,我们还可以把它们翻过来洗或翻过来晾干。

第五章

和自己喜欢的衣服携手前进

服装材料成分及洗衣要求

○ 服装材料：例子

羊毛 50%
开司米山羊绒 50%
○ × 纺织（公司）
TEL 03-0000-1111

这种标签会把商品中使用的每种纤维占比标出来

纵线 棉 100%
横线 人造纤维 100%
○ × 纺织（公司）
TEL 03-0000-1111

这种标签会把商品各个部位分开，分别标出所使用的每种纤维占比

○ 洗衣要求：例子

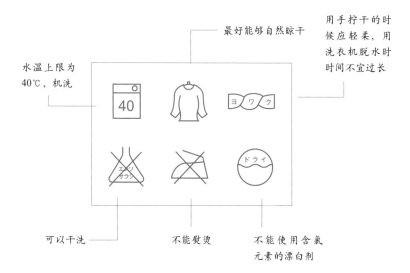

* 摘自消费者家庭用品品质标示法

● **使用洗衣网**

我们在洗一些颜色较深且质地材料比较脆弱的衣服、编织衫、带有较长带子及相同料子的腰带、子母扣的衣服时，虽然这些衣服不会掉色，但是如果上面沾了毛巾等白色纤维，因为底色深所以很明显。我们在用全自动洗衣机洗这些衣服的时候，可以把它们装进几个不同的洗衣网里面，这样既可以防止衣服卷在一起，又可以防止衣服粘上一些其他的纤维。

● **去除污渍**

污渍越早去掉越好。如果不小心在衣服上沾了污渍，可以用家里的去污剂做一个应急措施。

如果手头没有去污剂该怎么办呢？像一些水溶性的污渍（不含油的调料、饮料、血液等），我们可以在污渍下面垫上毛巾，用水弄湿污渍，随后滴上中性洗涤剂轻拍后再用水轻拍，最后弄干。

如果是油性的污渍，我们可以用牙刷蘸一点挥发油，把污渍转移到底下垫着的布上面，之后再用洗涤剂和水去污。

如果是很重要的衣服或很脆弱的衣服，最好在做完上述这些应急措施之后，立刻将衣服送到一些值得信赖的干洗店进行处理。此时，最好能够清晰地告诉干洗店员工污渍是如何产生的。

● **上浆**

如果想让棉质、麻质衬衣领子或袖口变得笔挺，可以试着给衣服

第五章
和自己喜欢的衣服携手前进

上浆。如果是喷雾，整个上浆过程会变得很容易。在喷喷雾的时候，应在距离衣服20cm的位置进行喷洒，再用熨斗熨。由于浆落在地上会弄得到处黏黏糊糊的，因此，我们可以在浴室、阳台等地喷洒。

喷雾的浆糊分为合成浆糊和淀粉浆糊两种。合成浆糊在洗衣后不会残留在衣服上，但是用多了衣服会变硬，使用时需要注意调整浓度。淀粉浆糊会让衣服变得笔挺，但如果用高温熨斗熨衣服会慢慢变焦，有时会泛黄。加之上浆后长时间保存有时会发霉，所以一定要把衣服上的浆糊洗干净再进行保存。

● 送到洗衣店

有一些衣物是我们在家里无法进行护理的，因此最好把这些衣服送到洗衣店。

洗衣店提供的服务一般可分为以下几种：干洗、洗衣、湿洗。

干洗是最普遍的一种服务，也是我们经常使用的一种洗衣方式。所谓干洗就是对于一些不能水洗的衣服，使用石油溶剂或挥发性有机溶剂进行清洗。干洗去污能力强，不容易造成衣服缩水、衣服手感发生变化。

洗衣指的是用温水洗衣物的一种方法。

湿洗指的是把一些本来不能用水洗的衣服上面的污渍用水去除。因为这种湿洗的方法处理起来比较费事，所以价格相应的也会高一点。

把衣服拿到洗衣店或者去取衣服的时候最好注意以下几点：

- 确认一下衣服口袋,掏空口袋后再将衣服拿到店里。
- 如果衣服上有污渍,清晰地告知店员污渍的位置、产生原因、污渍从产生到现在经过的时间长度。
- 一些装饰性的纽扣在送去洗衣店之前要拆掉。
- 为了不弄丢腰带等附属品,在将衣服送去洗衣店之前要确认是否在衣服上。
- 取回衣服的时候要当场确认,如有问题及时提出。

在洗衣店里,有在店内进行洗衣服务的"洗衣处",同时还有仅做中转服务的"中转店"。如果有"洗衣处",可以直接向技术操作人员转达需求,比较让人放心。"中转店"因为数量很多,很方便我们把衣服拿过去。

不管是"洗衣处",还是"中转站",我们在选择洗衣店的时候最好还是找一些能够按需求完成洗衣服务的店铺。一些服务质量高的洗衣店还会对衣服的修补、缝补等提出建议,这些店铺也将成为我们延长衣服使用寿命的帮手。

● 收纳、保管

对于一些已经洗干净、熨好的衣服,为了不让它们起皱,我们最好动作轻柔地把它们挂在衣架上,或者叠好收起来,这样可以保证我们拿出来能够直接穿。为此,还需要我们平时管控衣柜里衣服数量不要增加过多。

一些从洗衣店取回来的衣服要先把上面的塑料袋拿掉,充分通风

第五章
和自己喜欢的衣服携手前进

后保管。因为在洗衣服务中会使用一些有机溶剂，而这些有机溶剂有可能还残留在上面，此时需要让这些溶剂挥发掉。如果直接把衣服放起来，塑料袋里面可能会积攒一些湿气，衣服有可能会发霉。

如果衣服数量不多，那就没必要换季更换衣服了。如果衣服很多，则需要根据各个季节更换相应的衣服，把应季的衣服和过季的衣服分开收纳、保存，这样可以更加有效地利用有限的收纳空间。

改衣服、重新制作的创意

在我们长期穿一件衣服的时候,有的衣服仅靠小规模的修修补补已经不能再继续穿了。原因主要有变色、无法去除的污渍、虫蛀、袖口等处的磨损、个人尺码变化等。为了继续穿这些衣服,我们可以在不改变衣服款式设计的前提下对衣服进行一定的修改,也可以改变衣服设计,重新制作。

● **修改衣服**

像一些衣服拉链、开衩的地方,除了修补受损的地方以外,可以改变长度、宽度等调整尺寸,称为"改衣服"。如果自己无法完成,可以委托专业人士。现在有很多改衣服的店铺,去之前最好先调查一下店铺的评价,或者直接去店铺里与商家实际交流一下,再根据感觉选择合适的店铺。除此之外,还有一些定制绅士服装的店铺也可以修改衣服。

根据服装款式设计不同,后期加工的难易程度也各有不同,因此所需金额也有所不同,一些设计较为复杂的服装,所需费用会比其他服装要高。

第五章
和自己喜欢的衣服携手前进

● **重新制作**

※ **染色**

如果衣服整体泛黄，或者在较大面积上沾上了污渍，可以通过染一种比原来颜色更深的颜色来遮盖污渍。目前最容易买到的、颜色种类最多的染料就是"dairon"，在普通的手工店就可以买到。因为这种染料是把衣服放进溶入染料的热水里面进行染色，所以明确标注"不可水洗"的衣服不能用这种方法染色。

高温染色染料"dairon multi"可以用于棉、麻、毛、丝绸、人造纤维、尼龙、氯化塑料染色。白色衣服会染成相应的染料颜色（动物性纤维染色效果稍弱），有颜色的衣服如果染色的话会变成更加复杂的颜色（例：黄色衣服＋红色染料＝橘色系）。

如果染色时用细绳绑住一些部位，那么被绑住的地方不会被染上颜色，这样也可以制造出一些好看的花纹。

除此之外，我们也可以用洋葱皮、红茶等天然材料进行草本染色，给衣服染一个较浅的颜色。此时，可以使用"myoban"等媒染剂固定颜色。

※ **刺绣**

如果衣服上有一小块污渍、破了一个小小的洞，我们可以作为装饰在那个地方绣一小块刺绣。比如绣上花、叶子、星星、桃心这种简单的形状，不会花费我们太多时间。为了保证设计上的平衡性，在其他没有污渍的地方最好也适当地绣上相同的图案。在选择绣花时该用什么颜色的线呢？可以使用和服装面料色系相同的颜色。

※ 补丁、贴花

为了掩盖一些较大的污渍和破损，可以在上面打补丁、做贴花。

在想要遮盖的地方，贴上不同的布片，用毛毡切线的手法缝制。可以组合不同的布片，营造一个新颖独特的效果，还可以把从其他布上剪裁下来的布片花纹折叠做成补丁。

第六章

如何整理家人的衣柜

如何整理对方的衣柜

如果有同住的家人，只整理自己的衣柜，也不会彻底感到整洁。根据各个家庭的情况不同，有时比起整理自己的衣柜，整理伴侣、孩子的衣服难度可能会更大。在家庭中，每个人都会有属于自己的衣服，有的时候有的衣服不舍得扔掉，如果有很多孩子，那么家里的衣服就更容易与日俱增，收拾、管理这些衣服也不是一件容易的事情。

衣服既有其社会性较强的一面，同时又是非常个性化的。如果不是自己而是其他人去单方面地决定这件衣服是否应该处理掉，或者制订服装购买计划都是极为困难的事情。为此，在收拾衣柜的时候应该和穿这些衣服的人一边沟通一边收拾。基于这种想法，我们首先来看一下如何收拾伴侣的衣服。

● **如果对方不在意衣服的情况**

如果对方对于衣服没有太多关注，连管理衣服都交由我们来做，在某种程度上我们就可以直接整理、收拾了。

这种类型的人衣柜很乱的原因基本上就是"嫌麻烦""懒得扔"，如果是这样那就比较好办了。

但是，较之上述情况，更多的人虽然对于衣服不怎么关注，但是一旦你把他们穿久的衣服擅自扔掉，他们就会抱怨"那件衣服明明穿

第六章
如何整理家人的衣柜

起来最舒服"。不管关注点在哪里，总之，人们对于服装的喜好点总是千差万别的。对方可能和自己的喜好完全不同，某件衣服在我们看来可能一点也不好，但是对穿这件衣服的人来说，这件衣服可能就是穿着最舒服的那一件。因此，虽然他们委托我们来管理，但是随意处理对方的衣服也不是一件轻松的事情。

所以，虽然双方之间有这种"全权委任"的口头约定，但是在收拾衣服的时候，就一些要点最好还是双方商量一下比较好。同样，有关处理不用的衣服后的购买计划，我们最好也应该在为对方考虑的基础上，一起去买衣服，同时请注意尽量不要买对方不认可的衣服。

这一类型的人大多数都对收拾衣服这件事情不太关心，所以在做完衣柜减法之后的"收拾工作"中也应该与对方一起思考、行动。

从"为了让他（她）收拾起来更容易一点""为了让他（她）也能够自己收拾"的角度出发，一起着手设计一个收纳行动吧。

● **如果对方很在意衣服的情况**

如果对方很关心自己的衣着，有自己的讲究，而且衣柜塞得满满的，情况就有些复杂了，因为每件衣服都有独特的回忆没法扔掉。在这种情况下，为了减少衣服的数量，就需要一个高水平的谈判技巧。

因为家中的生活空间是有限的，为了能够生活得更加舒适，必须有技巧地让对方知道收纳衣服的面积（容积）是有上限的，并不是无穷无尽的。

这就需要我们开动脑筋，灵活运用本书提到的 7 个表格来一起制订一个服装计划，在此过程中慢慢选择可以处理掉的衣服。

最好以游戏式的想法来思考，比如"限定数量××件的情况下怎么样才能搭配得更加时尚呢？"用"买东西"作为交换条件不断地处理不需要的东西。

即便是在刚刚做完减法的衣柜里，衣服数量也有可能立刻增加。为此，我们可以设计一种规则，例如"买一件衣服的同时必须扔一件以前的衣服"，以保证衣服数量不会超出收纳能力范围。

第六章
如何整理家人的衣柜

让孩子自己整理衣柜的方法

让孩子学会自己管理自己的衣服,自己选择要穿什么衣服,这是一种重要的教养。

收拾、管理衣服和做饭、扫除一样,应该尽早让孩子慢慢学着去做。当然,虽然一开始我们全部放手让孩子自己去做是不可能的,之后也会谈到。但是,即使是2~3岁的幼儿,也有他们这个年纪就可以做的一些事情。

让孩子自己收拾、管理自己的衣服,不仅可以减轻父母的负担,同时还可以增强孩子的自信,如果孩子掌握了这项技能,对于他们今后的人生来说也是有帮助的。今后无论是自立,还是组建家庭,收拾东西的能力和习惯一定会让他/她今后的生活更加愉快、舒适。

● **首先,为孩子决定一个"收拾的地点"**

对于收拾东西来说,最重要的一点是"规定一个地点,然后把东西放回去"。

我在之前曾经问过保育员,如何让3岁的孩子把拿来玩耍的好几种玩具收拾好。那时我得到的回答是:"如果事先规定了一个地点,那么把东西拿回那个地方对于孩子来说也是很简单的事情。"

哪怕孩子现在还不认字,也可以通过图画、贴纸让孩子明白哪里是规定的地方，孩子也会满心欢喜地把东西放回那里，因为把东西放回去这件事本身也是一种娱乐。我当时就明白了为什么保育院总是能在固定的时间把东西收拾好。

所谓收拾东西，就是制定一个秩序，并不断让现状符合这个规律的一种重复性工作。说得简单一点，这项工作就是固定一个把东西放回去的地方，这是一件很简单的事情。

在为孩子规定收拾的地方的时候，不应该由父母单方面规定利于其收拾的地方，而是需要观察孩子的行动模式，寻找一个孩子容易放回去的地方，和孩子一同决定。反之，孩子不仅不会把衣服放回父母费尽心思设置的地方，而是像往常一样把衣服随意丢在他们活动的地方。

● 让2岁幼儿把洗干净的衣服放回原处

首先，让2岁幼儿把洗干净的叠好的衣服放回事先规定好的地方。父母可以在一旁帮着一起放，孩子完成整个活动之后要鼓励他们，这样可以提高孩子的积极性。不知不觉，他们就会养成习惯，自己主动去做了。

● 让3岁幼儿帮忙把洗干净的衣服叠好

等孩子到了3岁，可以让他们帮忙把洗干净的衣服叠好。当然，一开始肯定叠得不怎么好。最开始父母也和孩子一起，让他们叠一些像手帕、毛巾之类简单的物品，一件也好，两件也好，只有形式也没

第六章
如何整理家人的衣柜

关系。

让孩子明白"不仅仅是父母在叠衣服,自己也可以做到"这个道理,如果完成任务就表扬孩子,让他们把剩下的衣服一起放回规定的地方。

这样的活动可以不是每天都进行,每周一次就可以,只要一直坚持下去,孩子也会慢慢变得熟练起来。

● **等孩子上了幼儿园、小学**

等到孩子进了保育院、幼儿园,应该锻炼他们养成把幼儿园校服、书包挂到衣架上并放到规定的地方的习惯。此时,把毛巾、手绢等洗干净的物品取出。一回到家就立刻完成这些工作,第二天早晨出门的时候就不会慌张。

等孩子到了小学3年级和4年级,他们应该已经能够叠好自己的衣服了。此时,可以准备一个孩子专用的洗衣篮,把从洗衣机里取出来的衣服放到里面,让孩子叠好以后收到自己专用的收纳地点,再把洗衣篮送回原来的地方。

等孩子上了小学高年级,此时孩子应该已经在学校的家政课上学习过钉纽扣、熨衣服了,可以让孩子在需要的时候自己护理保管自己的部分衣服,父母也可以帮忙一起做。

● **不让孩子做,而是父母应该做的事情**

孩子是在不断成长的。从这一点来看,孩子和大人不同,今年穿的衣服未必明年还能穿。特别是在孩子成长比较快的时期,有的时候每个季节孩子的衣服尺码都会发生变化。

对于家里有孩子的家庭来说,家里总是有一些除了"现在""目前"必需的衣服之外的衣服:

- 虽然这件衣服现在穿不了了,也许明年或后年孩子就能穿。
- 这件衣服穿不了了,打算送给附近邻居的孩子。
- 虽然现在还穿不了,也许不久之后就能穿了,这是别人送给我们的衣服。

就像上面这几种情况一样,在孩子的衣柜里面不仅有"现在"的衣服,还有"未来"和"过去"的衣服,同时还联系着和我们之间互送衣服的人们之间的"关系"。

要收拾这些"现在"以外的衣服,对于孩子来说可能是很困难的。最好每次只让孩子整理"现在"的衣服,其他的让父母来管理。

把要送给别人的衣服写上对方的名字,放在对方来了之后容易拿到的地方保存(如果可以,尽量早点送出去)。

收到别人给的衣服,在能穿之前妥善保管。为了不忘记穿这件衣服,可以在箱子(袋子)上面写上要穿这件衣服的孩子的名字和尺码、季节等信息。

请参考上述方法,妥善管理"现在"以外的其他时间的孩子的衣服。

第六章
如何整理家人的衣柜

按照孩子的不同性格让孩子掌握收拾衣服的方法

孩子也有各种各样的性格。收拾衣服需要给予与这个孩子的性格相匹配的环境和课题，让他（她）养成习惯。接下来，我们就按照孩子的性别来看看每种性格都有哪些让他们掌握收拾衣服技巧的方法。

● 没有常性的孩子

有的孩子经常在做一件事情时中途放弃，兴趣点立刻转到别的事情上，拿出来的东西总也不收回去，有时会忘记大人和他们说的话转而做一些不同的事情，这就是"没有常性"的表现。

基本上小孩子都会这样，这绝不是什么缺点，可以说具有这种特质才是孩子，但是在实际生活中，这种天真烂漫却不是什么优点。

这些孩子不太适合过于细致的分类归纳，我们尽量为他们准备一些能够大致收拾整理的环境吧。

与之相对，为了让孩子能够把东西放回原处，需要在抽屉、箱子上面贴上一些较大的标签。

有的孩子会觉得把东西放回抽屉里是一件麻烦的事情。对于这些孩子来说，可能不带盖子的＋不带盖子的盒子组合比较适合。此外，最好缩减一下衣服数量，以便于管理。

● 喜爱运动的孩子

对于一些喜欢足球、篮球等体育运动的孩子来说，需要从"把穿的衣服拿去洗"这一步开始教他（她）。

运动完回到家，把一些材质比较脆弱的运动服及容易掉色的衣服翻过来拿去洗，有带子的衣服放进洗衣网里，比较脏的运动服之类的衣服放到盛满水的桶里面。如果可以做到上述这些，随着孩子的成长，他（她）们外出集训、比赛等需要离开家的场合变多，那时我们也可以放心地让孩子自己出去。

通过让孩子管理自己的衣服，促进孩子的成长和自立，也让家长和孩子都能继续享受体育运动。

● 特别喜欢衣服，有很多衣服的孩子

有的孩子对于衣服特别讲究，也有很多孩子喜欢收集各种类型的衣服。虽然他们年龄不大，但是每天必须自己搭配，是时尚的娃娃军。

现在，因为少子化趋势不断严峻，不只是孩子的祖辈，就连孩子的父辈亲戚也会给孩子买很多衣服，所以喜好时尚的孩子会拥有大量的衣服，而且享受其中。

但是，与此同时，我们要教会他们"伴随衣服数量的责任"是什么。

有很多衣服就意味着要花费很多时间在上面，我们偶尔也需要自问自答一下："我们能否有足够的时间和精力？"就算小的时候是父母替孩子收拾整理，等到孩子长到十几岁的时候应该大部分都能自己

第六章
如何整理家人的衣柜

完成。应该让孩子从小理解这两件事情,一是不能总让父母帮我们去做这些事情,二是绝对不买自己不能护理或保存好的衣服。

这样,等孩子长大,他们也可以自己妥善地管理自己的衣服,和衣服和平共处,成为一个真正时尚的大人。

结语

我的故乡曾经是棉纺织品的产地。

孩提时代,依稀记得每当去朋友家玩耍的时候,朋友家的奶奶总是在摇纺车,邻居家的奶奶也都是坐在走廊下的织布机前工作。

那时,棉花产业基本已经濒临消亡,服装得以大量生产,既容易买到,价格又便宜。

现在已经在天国的奶奶们,那时她们以及她们的家人穿的衣服都是自己织布、自己剪裁的。对于她们来说,纺纱织布既保障了一家人的"穿",同时也为生活增添了乐趣,是一项必不可少的工作。

大家在和一些年纪较大的女性聊天时,也可以试着问问她们年轻的时候都穿过什么样的衣服。上学时穿的衣服,相亲、约会时穿的衣服,婚礼时穿的衣服……相信她们一定也是微笑着回忆当时,生动地讲述当年的故事。

每个人在自己的心里都珍藏着一个最美的自己,都有一件最怀念的衣服。

在那个衣服还没有像现在一样泛滥的时代,每一件衣服都是十分珍贵的,大家都会细心地呵护,或者染色重新做衣服,一件衣服能穿很长时间。虽然当时衣服数量不多,但是"穿"这件事本身可能比起现在含义更加丰富吧。

第六章
如何整理家人的衣柜

衣服是能够让我们感受到生活及人生乐趣的一位重要伙伴。请大家为衣服准备一个舒适的衣柜，为了现在穿着的衣服终有一天也能够成为一个独特的回忆，和它们一起愉快地生活吧。

2015 年秋

金子由纪子

クローゼットの引き算
Closet No Hikizan
By Yukiko KANEKO
Copyright © Yukiko KANEKO 2015
All rights reserved.
First published in Japan in 2015 by KAWADE SHOBO SHINSHA Ltd. Publishers
Simplified Chinese translation rights arranged with KAWADE SHOBO SHINSHA Ltd. Publishers through CREEK & RIVER Co., Ltd. and CREEK & RIVER SHANGHAI Co., Ltd.

本书中文简体版专有出版权由 KAWADE SHOBO SHINSHA Ltd. Publishers 通过 CREEK & RIVER Co., Ltd. and CREEK & RIVER SHANGHAI Co., Ltd 授予电子工业出版社。未经许可，不得以任何方式复制或抄袭本书之部分或全部内容。

版权贸易合同登记号 图字：01-2018-7631

图书在版编目（CIP）数据

衣柜里的减法整理术 /（日）金子由纪子著；王羽萌等译. — 北京：电子工业出版社，2019.3
ISBN 978-7-121-36024-4

Ⅰ.①衣… Ⅱ.①金… ②王… Ⅲ.①服饰美学 Ⅳ.①TS941.11

中国版本图书馆CIP数据核字（2019）第023013号

责任编辑：田　蕾　　　特约编辑：刘红涛
印　　刷：天津市银博印刷集团有限公司
装　　订：天津市银博印刷集团有限公司
出版发行：电子工业出版社
　　　　　北京市海淀区万寿路173信箱　邮编：100036
开　　本：889×1194　1/32　印张：5　字数：238.7千字　彩插：4
版　　次：2019年3月第1版
印　　次：2019年3月第1次印刷
定　　价：68.00元

参与本书翻译的还有：张惠佳、马巍。

凡所购买电子工业出版社图书有缺损问题，请向购买书店调换。若书店售缺，请与本社发行部联系，联系及邮购电话：（010）88254888，88258888。

质量投诉请发邮件至 zlts@phei.com.cn，盗版侵权举报请发邮件至dbqq@phei.com.cn。

本书咨询联系方式：（010）88254161～88254167转1897。